城市魅力

世界华人建筑师协会 城市特色学术委员会

主　编：李向北

副主编：吴　伟　陶　石　李敏泉　刘　晖　毕凌岚　王　洁

编委会：王世福　王　林　王　洁　刘　晖　毕凌岚　刘云胜　余巨鹏　吴　伟
　　　　李向北　张云彬　李敏泉　邱治平　查金荣　赵　翔　顾立军　徐磊青
　　　　陶　石　覃建明　蒋　浩　薛　锋（以姓氏笔画为序）

东南大学出版社

·南京·

图书在版编目(CIP)数据

城市魅力 / 李向北主编. —南京：东南大学出版社，
2013. 10

ISBN 978-7-5641-4580-4

Ⅰ. ①城… Ⅱ. ①李… Ⅲ. ①城市规划—文集
Ⅳ. ①TU984-53

中国版本图书馆 CIP 数据核字(2013)第 243616 号

东南大学出版社出版发行

(南京市四牌楼 2 号　邮编210096)

出版人：江建中

网　　址：http://www.seupress.com

电子邮件：press@seupress.com

全国各地新华书店经销　　南京玉河印刷厂印刷

开本：889mm×1194mm　1/24　印张：8.5　字数：223 千字

2013 年 10 月第 1 版　2013 年 10 月第 1 次印刷

ISBN 978-7-5641-4580-4

定价：39.00 元

目　录

"城市特色与公共管理"篇

创造令人心动的活力城市
——关于遵义市新蒲新区核心区城市设计的思考

李向北　殷　宁　胡玉东

（重庆大学　深圳华筑设计机构　深圳华筑设计机构）

"活力"一词本来源于生物学、生态学的概念，意为生命体维持生存、持续发展的能力。当这个近代新生的词汇与城市发生关联时，城市活力则成为城市的生命力是否旺盛的一大指标。凯文·林奇所指的城市活力即保持"旺盛的生命力"；而"城市提供市民人性化生存的能力"则是简·雅各布斯和伊恩·本特利对城市活力的理解。

每座城市都有着自身不同的生命旅程，但究其根本，其活力的旺盛程度主要表现在它对人们及世界所产生的吸引力、人们是否能在这座城市中快乐地工作及幸福地生活、它是否构建了一个真正的生活的场所并表现出某种理想和抱负。

1　黑川纪章的"生活的场所"

黑川纪章在其《城市革命》一书中写道："城市首先有人居住，有产业才成立。在城市里，不是仅有经济的循环，文化产业的集聚、人的交流场所比什么都更重要。由于异质的多样化的文化交流，城市产生出创造新文化的力量……城市不应是投机的场所，城市作为经济场所的同时，我们有必要再次确认它是新文化创造的场所，是生活的场所。

2　当今中国的城市发展

自20世纪70年代末、80年代初的改革开放以来，中国的经济进入了飞速发展阶段，"中国速度"令全世界瞩目。当今中国城市在快速发展扩张的同时也面临诸多问题，如由于经济主导性发展过于强势，对大尺度、高密度核心区的盲目追求形成了不少功能单一、街区僵化、缺乏活力的新城；盲目扩张使得不同阶层收入的差距、文化的差距、资源配给的差距和信息量的差距等各种各样的差距加速扩大；新城建设快速及机械模板式的复制使众多新城"千城一面"，这个世界正以前所未有的速度建造着一座又一座的旧城。

不过，在产生众多问题的同时，蓬勃的城市发展也为我们提供了诸多的机遇与挑战。城市作为人们生活的场所，必须重新找回宜居城市的重要品质，即富有活力、充满吸引力及创造力。

欧美国家过往的经历与成就及对城市问题的反思有不少是值得今天中国的城市发展借鉴的。

3 重温波士顿的百年经典

回顾欧美国家的城市发展历程时，我们不难发现在美国百年前建立新秩序和新版图的时候，美国景观设计学之父奥姆斯特德（Frederick Law Olmsted, 1822–1903）公园系统（Park System）的规划思想十分值得当代中国城市发展借鉴，他为波士顿带上的"翡翠项链"（图 1）是他最具代表性的作品之一，其对美国国家公园运动及美国城市的发展都产生了无法估量的影响。

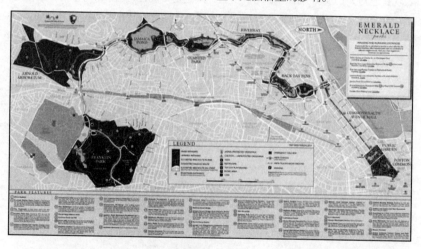

图1 波士顿的"翡翠项链"

当时美国大多数城市的急剧膨胀带来许多问题，比如城市空间结构不合理、环境恶化、城市交通混乱等。奥姆斯特德从 19 世纪 60 年代就开始尝试用公园道或其他线形方式来连接城市公园，或者将公园延伸到附近的社区中。从而使工业化时代城市在急剧膨胀过程中带来的环境恶化、空间结构不合理、交通混乱等弊端得以缓解与改善，让附近居民拥有更多进入公园的机会，使更多的市民能就近享受到自然的乐趣和呼吸到新鲜的空气。

波士顿城市公园系统的"翡翠项链"长 16 km，由它的步行道从陆路和水路连接着 9 个公园，共占地约 1 100 英亩。随着公园系统的日趋完善，波士顿的 3 条主要河流均连接在这一系统中，并结合沿海的优势，将许多海滩用地也尽可能地扩大为公共用途的绿色空间，让城市开放空间的范围扩大到整个波士顿市区，构建了一个完整的城市空间框架。

波士顿的"翡翠项链"不仅是公认的美国最早规划的真正意义上的公园绿色廊道（park way），并且作为波士顿城市形态的基础结构，延展到大波斯顿地区的自然系统规划，奠定了波士顿大都市圈开放空间网络体系，再经伊恩·L·麦克哈格（Ian. Lennox. McHarg，1920—2001）"设计遵从自然"（Design With Nature）的主张，开启了美国城市生态规划之路，成功地使波士顿以其自身的城市特色与风貌而享誉世界。

无独有偶，同一时期稍晚的时候在英国也相继独立出现了一些相关的概念，如霍华德（Ebenezer Howard,1850—1928）在《明天的花园城市》一书中提出的田园都市（Garden City）、绿带（Greenbelt）等思想。这些杰出的先驱们为现今的"景观都市主义"奠定了坚实的基础。

4 奥克兰城市更新的启示

如果说波士顿的"翡翠项链"是能体现当今世界大力倡导的景观都市主义的百年经典之作，那么在今天，当城市需要更新并重新焕发生命力的时候，南太平洋上的美丽城市奥克兰以其城市中心区公共空间结构的重新确立而让无数的人为之心动（Auckland heart me）。在 2012 年的美世（Mercer）全球城市生活质量调查中，奥克兰排名第三，成为全球最宜居的城市之一。

奥克兰是新西兰最大的城市和商贸中心，也是世界上最吸引人的海滨城市之一。同样经历了工业大革命的经济飞速发展，在注重经济和车辆交通迅速发展的同时造成了周一到周五的交通拥堵、周末的一片空城及犯罪率的上升，作为城市核心的 CBD 逐渐丧失了活力。自 2008 年以来奥克兰市政府通过对滨海公共空间（图 2、图 3）、街道（图 4）、人车共享空间（图 5）、标志性建筑、城市公共活动事件（图 6）等一系列公共空间的重新塑造，使得 CBD 重新成为奥克兰市民心目中的活力之心，它以其强大的吸引力再次确立了未来奥克兰都市核心的价值。这一系列的 CBD 重塑项目虽然表面上看只是对奥克兰 CBD 公共空间系统的重新梳理和打造，但实际上通过这个成功的公共空间系统形成的大大小小的充满魅力的空间很大程度上拉动了 CBD 零售及娱乐消费的增长，使城市中心区物业价值又一次提升。

图2　滨海码头

图3　滨海码头
图4　皇后大道

图5　人车共享空间

图6　城市公共活动事件2012
橄榄球世界杯开幕式

5　遵义市新蒲新区核心区城市特色的塑造

　　每个城市，不管其身处繁华，还是地处偏远，都有其抱负。遵义市新蒲新区核心区城市设计给予了我们一个绝佳的机会，我们希望藉由此次实践，赋予城市核心一个可以自我生长的"开放型生态结构"，成为让人为之倾倒的"宜居之

城"。(图7)

非理性地盲目追求城市"大"规划只能造成城市无节制的蔓延，对自然资源和社会资源造成大量的浪费。相对遵义市自身的城市规模及定位，我们确立了以景观都市主义为指导理论，制定了乐活、绿韵新都会的策略框架，致力于打造充满魅力的都市"活力之心"。(图8)

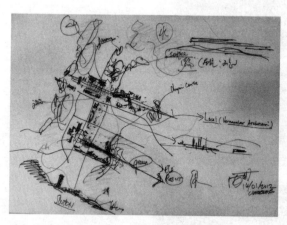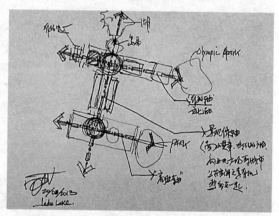

图7 新蒲新区核心区城市设计大山水格局草图　　　图8 新蒲新区核心区城市设计"活力之心"结构草图

由于受新蒲新区自身的带状城市地貌的限制，新蒲核心区形成了由西南侧经济商业区和东北侧行政金融区互为首尾的哑铃状形态。商业区与行政区相对的分离造成了一定的资源分散，但是本设计带着奥克兰的宜居启示的同时延续奥姆斯特德的思路，在严格控制CBD开发、保证绿色通廊和打造2.4公里行政轴上多样类型公共空间序列的同时，以一条生活型道路串联南北两大区域。自此，一个C型的环状带形公共空间系统框架宣告成立。原本因地貌限制的哑铃状核心区反而产生梭型效应使南北两大功能区在互为拉动、互为助力的同时带活了原本尴尬的中间区域。(图9、图10)

5.1 新都会的大山水格局

新蒲核心区规划区面积约为3.12平方公里，从景观都市主义出发，我们将其理解成一个生态体系，整体空间充分尊重自然山水格局，东西向轴线确立形成清晰城市骨架，呈带状延伸，串联不同特色功能区。(图11)

生态轴顺应南北山脉走向及基地丘陵山包特点构建搭接，将中桥水库景观由北引入城内，串联行政中心广场及高端商住区，经南部商业中心与湿地公园形成呼应。

人文轴东西向连接，引山入城，北轴串联行政办公、总部基地、奥运村配

8

图9 新蒲核心区城市设计总体鸟瞰

图10 新蒲核心区城市设计总平面图

1. 政府
2. 市民广场
3. 规划科技展览馆
4. 大剧院
5. 青少年活动中心
6. 文化馆
7. 科技馆
8. 交通指挥中心
9. 时光之塔
10. 低碳生态旅游高端总部办公基地
11. 劳动人民文化馆
12. 解放军95455基地
13. SOHO住区
14. 奥运村公共服务设施
15. 奥运村
16. 体育场
17. 商住混合街区
18. 步行廊道
19. 景观红飘带
20. 多层住区
21. 小学
22. 下穿道路
23. 日月星商业综合体
24. CBD广场
25. 商住混合社区
26. 富力商业综合体
27. 商务办公小街区
28. 星级酒店群

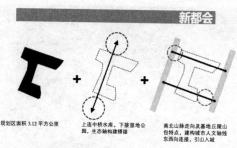

规划区面积 3.12 平方公里

上连中桥水库，下接湿地公园，生态轴构建搭接

南北山脉走向及基地丘陵山包特点，建构城市人文轴线东西向连接，引山入城

城市空间与山水格局

整体空间关系尊重自然山水格局，东西向轴线确立形成清晰城市骨架，带状延伸，串联不同特色功能分区。

1）生态轴：将中桥水库景观由此北引入城内，串联行政中心广场及高端商住区，经南部商业中心与湿地公园形成呼应。

2）人文轴：北轴串联行政办公、总部基地、奥运村配套、体育中心等，南轴串联商住、商业、商务中心、顶级酒店等区域。

城市空间与山水格局
网格秩序
密度与形象

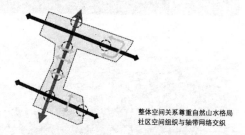

整体空间关系尊重自然山水格局
社区空间组织与轴带网络交织

图11 新蒲核心区城市空间与
山水格局分析图

套、体育中心等，南轴串联商住、商业、商务中心、顶级酒店等区域。

通过景观基础设施的建设和完善，将基础设施的功能与城市的社会文化需要结合起来，使城市得以建造和延展。

5.2 公共空间系统的悠悠绿韵

联系基地南北水库湿地、东西山脉的主要走向，绿廊是基地最重要的自然景观要素特征，结合功能布局，我们整理形成了"廊道＋斑块"的生态体系，并由此组织形成了丰富多样的休闲游憩场所，创造多种体验空间场所使城市空间各具特点。公共空间不是简单的绿色空间、自然场所更是城市重要的生态基础设施，是展现宜居现代城的风范的重要元素。（图12）

各类公园与城市的建筑、道路有机融为一体，又通过城市园林式交通干道的5、6号路、串联众多街心公园的城市生活型道路与绿树浓荫步行道，将园林景色辐射到新蒲核心区各个角落。

绿化空间作为生态基础设施在塑造、强化线型绿化空间，局部拓宽放开，创造长景观界面及小尺度公共空间的同时，有效地激发了城市活力，大大提升内部用地价值。

要筑绿廊+斑块生态格局

联系基地南北、东西主要走向的绿廊是基地最重要的自然景观要素特征，结合功能布局，整理形成"廊道+斑块"的生态体系，并由此组织各具特点的城市空间，展现宜居现代城的风范。

绿廊

PATCH

绿廊
游憩散步
休闲娱乐
交流共享
健身启智

斑块
街心公园
聚会广场
城市景观
节庆舞台

CORRIDO

GREEN CULTURE
绿韵
构筑绿廊+斑块生态格局
绿化空间价值利用

图12　新蒲核心区公共空间系
统分析图

5.3　和谐幸福的乐活城心

邻里空间通过小型而灵活的公共绿地、街头广场设置给社区居民提供尺度宜人、更易日常有效使用的公共空间。同时强调混合型社区的建设，通过建筑形式的多样化容纳不同的社会收入与年龄阶层人群，促进社会包容和群体交流，增进社区活力；虽小但功能混合度高的可调控街区使临街界面得到最大化也就是商业界面最大化，同时步行可达性也大大得到了提高，使我们在创造城区统一风貌的同时保持局部的多样化。（图13）

开放街区变传统围合式大街区为开放共享小街区，提供促进多种城市交流活动发生的空间平台，创造城市场所感、归属感。

通过可达性高的步行体系结合绿化景观轴线、广场设置，保证每个步行单元或组团与公共开放空间进行串联，实现慢行对城市的全覆盖。由既往规划的集中式中心布局（道路过疏导致服务半径不足，不适宜步行）改进为网络式社区中心布局（服务功能渗透性加强，道路密度增加也更适合步行出行），使其成为真正舒适的慢行城市。

亲切的邻里空间、舒适的慢行城市，这就是新浦核心区对乐活这种可持续的生活方式的完美诠释。

开放街区

变传统围合式大街区为开放共享小街区，提供捉进多种城市交流活动发生的空间平台，创造城市场所感、归属感。

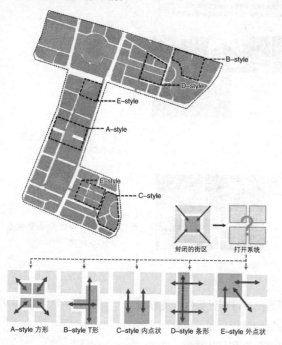

封闭的街区 → 打开系统

A-style 方形   B-style T形   C-style 内点状   D-style 条形   E-style 外点状

图13 新蒲核心邻里空间分析图

慢行城市

步行体育结合绿化景观轴线、广场设置，保证每个步行单元或组团能通过公共开放空间进行串联，实现慢行对城市的全覆盖。

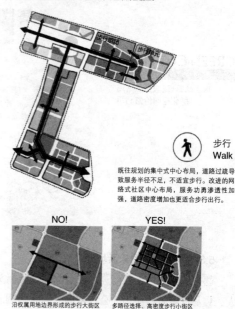

步行
Walk

既往规划的集中式中心布局，道路过疏导致服务半径不足，不适宜步行。改进的网络式社区中心布局，服务功勇渗透性加强，道路密度增加也更适合步行出行。

NO!   YES!

沿权属用地边界形成的步行大街区   多路径选择、高密度步行小街区

6 结语与愿景

　　一座新城经历了时间的洗礼后会成为一座老城，但其活力不应衰退，反而会随着时光的推移、文化的沉淀愈发魅力四射。

　　好的城市设计方案必须是可持续的，也必须为新城的未来名城之路铺垫坚实基础。我们希望遵义市新蒲新区核心区城市设计能在未来证明我们的观点，正如丹尼尔·H·伯纳姆的名言："……一个珍贵而理性的图式一朝被实录下来，将永不消逝，在我们离去很久，它仍将具有旺盛的生命力，并愈发坚持地展示它自己……"

参考文献：

[1] 曲伟 编. 当代汉语新词词典. 北京：中国大百科全书出版社，2004

[2] 黑川纪章，著；徐苏宁，吕飞，译. 城市革命——从公有到共有[M]. 北京：中国建筑工业出版社，2011

[3] McHarg·I·L. Design With Nature. John Wiley&Sons，Inc，1969（1992edition）

[4] Auckland Council. City Centre Masterplan 2012，Auckland Council，2012

[5] Ebenezer Howard. Garden Cities of Tomorrow . Nabu Press ,2010

[6] Charles Waldheim. The Landscape Urbanism Reader. Princeton Architectural Press, 2006

[7] 伊塔洛·卡尔维诺 著；陆志宙，张密 译. 看不见的城市. 南京：译林出版社，2012

EOD 模式的城市及其有机控制机制

吴　伟　（同济大学建筑与城市规划学院）

理想的城市发展目标包括: 宜居（舒适、快捷、环境友好）、人文（文化、幸福）、和谐（代际和谐、可持续）等，全世界城市发展的目标越来越趋同。但是，如何去实现这些理想目标，避免城市的实际发展不走向反面，还需要合理的城市发展模式、与之相适应的规划管理机制。

1　EOD 的起源

1999 年 4 月约瑟夫·派恩和詹姆斯·吉尔摩合著出版了《体验经济》一书。书中指出了一种现代经济现象，即从生活情景出发，创造感官体验价值的生产活动，丰富了现代经济学的内涵。其中提出的 EOD 概念（Experience Oriented Development），是指体验引导城市发展的模式和策略。

2　EOD 的内涵

2.1　什么是 EOD

城市中人的体验不是凭空产生的。作为自然属性的人，对城市各种物质要素之总和，通过感官形成体验；作为文化属性的人，自带着"软件"，当物质性的城市信息被感官接收时，通过这个"软件"运算之后，生成了具有文化意义的"体验"。人们自带的这个"软件"就是文化，虽然它们各不相同，但具有共性，具有文化圈、亚文化圈所特有的共同认知指向和精神指向。

体验引导城市发展的模式（简称 EOD 模式），是指利益相关者在城市物质形态、功能和效率导向的原有合作基础之上，通过新的合作共赢结构，进一步实现城市的体验价值、认知价值和精神价值的创造，以增加城市发展的机会、减少城市衰退的风险。EOD 策略是指一种从生活情景出发，为了在城市开发活动中创造感官体验价值、认知体验价值和精神体验价值而选定的方针和路径。

2.2　成长与展望

自 20 世纪 70 年代起，西方国家普遍出现了关注体验的城市建设思潮。从哲学和思想界开始，到现代城市规划和新城开发的自我反思；从旧城价值乃至棕地价值的重新发现和再开发，到文化地域、信息空间的人文主义倾向等等，无不体现出越来越强烈的"以人为中心"的价值追求。

EOD 与 TOD（即公交引导城市开发）的不同点在于："体验"这种日常社会现象进入到了后工业化或信息化时代以后，已经发展成为一支市场劲旅，一种新经济的潮流。TOD 以效率为中心，EOD 则以体验为中心。EOD 通过体验经济的作用，推进和提升城市的发展直奔"魅力城市"、"诗意栖居"等人居理想。

市场经济以效率为中心的发展模式能够带来城市的快速发展，也带来了与生俱来的"兽性"；以人为中心的城市发展模式，要求体验引导、体验检验，以体验为发展目的，如"幸福城市"等等。EOD 代表了一种进步倾向，一种现代文明的发展趋势。

2.3　问题

然而，历史进程总不会一帆风顺，在现实中城市建设要达到"体验"的要求却一直困难重重。三十多年来，我国的城市建设在规模和效率快速发展的过程中，人文发展一直滞后。历史建筑和历史文化街区的保护近年来有了可贵的进展，但这在城市中通常只占极小的比重。全局而言，现行法律法规没有要求城市总体规划对"体验"进行研究并作出空间安排，城市社会也"不需要"城市（空间）文化专项规划，建设主管部门几无可资操作的城市文化的空间统筹规划。这些导致了建筑的"多元性"到处泛滥，名为"多元性"，实为"千城一面"的一元性。

"千城一面"是现行规划管理体系中文化缺位的结果。没有了文化，"人的城市"和"动物的城市"有什么区别？如果只追求效率，无异于"以动物为中心"。在越来越重视效率的城市建设过程中，文化被不断地削弱甚至退避三舍。在规划管理缺位的情况下，"城市体验"被市场经济的"兽性"恣意地碎片化了。城市发展的结果是，将互不相识的相邻建筑生硬地捆绑在一起，塞给子孙后代并告诉他们——你们不喜欢也得接受，否则只能离开这个城市移居他乡了。

从规划主管部门对一个个建设项目作出行政许可的那一刻起，城市便作出了一个个永久性的"决定"——却不知道这个片区会建设成啥样，体验性如何。

2.4　对策

"体验"作为现代经济的趋势，正在成为城市发展的新动力。"和谐城市"、"幸福城市"、"诗意栖居"等理想目标的追求，都要求回到以人为中心，遵循"体验"的规律。"体验"是城市发展的结构效能、质量品质、人类意义的价值体现。城市竞争力的增强，需要认清问题，探索、创造和实施一种体验引导的城市发展策略。这要求已有的观念技术和体制必须跟上"体验"的时代要求，勇于探索新的技术手段、新的管理方法，直至与新的发展目标相适应。

3　EOD 城市的特征

3.1　参与性

作为区域社会经济的中心或某种职能担当者，城市或旅游城镇经常遭遇"上帝"和重大"事件"。城市建设过程中的"随意但永久的决定"，会不断地接受参与性的检验。上海 2010 年世博会会前所展开的多次预检验发现，粗放型和随意性的城市规划建设所遗留的问题，需极大的代价、很长的时间、大规模地改造才能解决。这些问题不去解决行不行呢？行，这样既省钱又省力。但是这将意味着"体验"需求得不到满足，服务产品的功能打折。假设价格（时间和花费）不变而功能不足，显然会折损城市品牌和城市竞争力，还不如不办世博会。如果城市规划和管理能遵循"体验"的规律，在建设之初就具备一个热情大方、优雅守信的基因，在开发过程中处处重视参与性，那才是真正的节约和造福子孙。

3.2　多元性

"多元性"来自于民族国家的合法性、世界文化的多样性等必然要求。但是，这与报批建筑各自的"多元性"是两个不同的范畴。二者一旦相互混淆，就会陷入思想泥潭。一块基地上可以设计出上千个建筑方案，如果遇上不均质的文化，方案会更多。但是，最终只能采用一个方案，而且建成后一百年不变。现实中的建设项目，几乎很难遇到那个潜在的"最优"方案。从城市尺度看，单个建设项目的"多元性"，背后蕴藏的却是武断性。这些武断性之和，并没有给城市带来文化特色，带来的恰恰是与之相反的"千城一面"。这几乎已成为一种"潮流"，人们对此很无奈，是因为"多元性"这项普世原则，极易被误用。人们常常自觉或不自觉地偷偷把单个建筑的武断与蛮横，包装成了多元和无辜，将单个短视和自私的建筑，通过"多元性"伪装成了长远性、利他性的建筑。

打着多元的旗号实则武断的建筑，与城市整体的体验性需求之间的尖锐冲突，是现代城市文化的形成与发展的主要矛盾。一百首世界名曲同时演奏、还是一百个国际演奏家一起合奏，是区分野蛮还是文明、破坏还是创造现代城市体验价值的分水岭。简单的多元等于混乱。

3.3　城市的整体感受性

一个多世纪以来，建筑界在吸取传统建筑室内体验、院落体验的基础上，发展形成了以使用功能、技术经济和法律法规来创造现代建筑体验的成熟体系。高一个层次，以城市体验为中心的理论也有不少。但是，以城市体验为中心的实践，还远远不能满足现代社会的需求。由 IFLA 倡导、包括 UIA 在内的二十多个国际性组织联名给联合国递交了一个提案，即"国际风景公约"（ILC）。该提案中特别强调了"首次"把物质实体与人的感受合为一个整体，既包括城市也包括乡村，不仅要保护历史遗迹，更要关注未来的创造，呼吁世界各国充分重视和改善对城乡风景的认识、规划和管理。

3.4　城市的精神性

感受性始于感官对城市的关注，人们对城市的关注不仅在于建筑的物质形式、文化符号、形式语言和单体的建筑风格，更在于城市的安全健康性、方位规模便捷性、生活消费价值、生产事业意义、信用法制、风情特色、事件事务等，整合为城市风格。如果场合、时机和心情相宜，会开启深层的触动、品味、共鸣等内在体验，上升为精神性。

在精神性的范畴，理性逻辑与城市体验共振，场所物象与社会情感交融，会进入"意境"的审美范畴和"诗意"的境界。

3.5　城市品牌

历史建筑有记忆价值、历史街区有记忆价值，整个城市有记忆价值吗？武汉拥有东湖、杭州拥有西湖，这只是物质性的拥有。二者在人们的心中是什么呢？拥有美好的体验并且形成社会集体记忆，就是拥有城市的品牌价值。如果将杭州与可口可乐在品牌价值方面做个比较后可以发现，不只是历史建筑才有记忆价值，某些城市也有记忆价值，而且其价值连城。

4　相关法律法规

澳门有个著名的标志性博彩建筑叫"新葡京"，紧邻着一栋破旧不堪的建筑，远看竟像一堆未搬走的垃圾。据了解，政府早已设立维修扶持基金，但是业主不去申请。这是一个"朱门酒肉臭"的 2.0 版本。1.0 版本的下联是"路有冻死骨"，升级版的下联是"我有冻死权，臭死你咋的"。

澳门的人均 GDP 已于 2011 年超过日本，旅游业是澳门快速发展的支柱。现代社会的公民物权和表达权均受到法律的保护。不过，拥有物权的同时也有一系列的义务，如建筑物区分物权、保管遗赠税等义务。物权并不是无限的权力，游行权同样也有必须履行的义务。世界上不存在没有义务的绝对物权和没有义务的绝对表达权。澳门这栋楼，涉嫌损害澳门全体公民的福利，侵犯着本地居民和游客们合理、正常的"体验"诉求。这栋楼的业主在拥有物权的同时，是不是还须承担不侵害社会正常"体验权"的义务呢？

为了限制"臭死你咋的"这样"绝对"的物权，美国联邦法院于1956年确立了建筑体验属于社会公共福利的终审判例。日本2004年颁布的《风貌法》开宗明义，城乡风貌属于公共财富，公民有保护和使之升值的义务。澳门2.0版本的问题出在，没有适用的法律条款来协调"垃圾楼"业主的具有绝对性的"物权"与公共体验权（公共福利）之间的矛盾冲突。

随着物权法的不断普及，实施EOD策略绕不开法律法规这道门槛。目前已有39个国家缔结了《欧洲风景公约》，法国、日本已颁布了《风貌法》，美国许多州有《形态法规》等，中国国务院1992年颁布了与之有关联性的行政管理条例。当前我国应突出社会文明进程中公共管理的关键性作用，各城市通过研究制定相关管理办法，用制度文明来带动和维护社会文明的发展。

5 EOD城市的文化专项规划

法律法规是协调社会矛盾、处理利益冲突的通用性框架。公共管理日常所遇到的，则是大量特定项目的技术性问题。

例如克拉玛依市有个案例，按照国务院和自治区的要求，正在建设国际性石油中心城市。而就在市政府广场的正对面，某小区被企业后勤部门粉刷一新，刷成了苹果绿，外加红色点缀。

现代城市在曾经盛产"世界遗产"的传统城市中呱呱坠地以后，步入了商品选择、文化选择爆炸的时代，个人体验或精神文化消费空前繁荣，于是人人拥有了消费的炸弹。一旦个人想痛快地消费一把，很可能误伤别人。在体验经济时代的城市建设中，个人的消费决定炸伤广大公众，不仅是大概率事件，还会炸倒游客、炸残曾孙辈。

克拉玛依市的这个事件发生后，市政府和公众很不满意并要求改正。不久，出现了五个备选方案。

到底应该选其中的哪一个方案？

如果选中了其中的一个，这个方案是否也适合其他小区？

如果选定方案只用于这片小区，而不是那片小区，依据又是什么？

克拉玛依市通过城市风貌规划，终于"改变了做到哪算到哪的局面"，管理有了一个依据。

体验具有个体主观性。EOD城市的体验，是以个体主观性体验为基础，并能上升为公共性和概率统计性的体验，是一种社会客观的体验。EOD城市的日常公共管理，应该基于社会科学逻辑、符合公益性、统筹安排的长远性。上述案例的问题在于施工方案事先没有经过行政许可。

但是，如果事先建设方提交这五个方案，则会出现更大的问题，即：政府应如何运行，才能证明由政府选定的某一方案能符合公共利益？政府如何证明，决不是仅仅换了一种个人喜好而已？如果没有规划作为公共管理的依据，EOD 城市仍然无法实现。

日本在 2004 年颁布《风貌法》之后，日本各级政府编制了大量的《风貌规划》，并成为"体验"管理的主要依据。我国城市亟需制定城市空间文化政策，该政策须具有空间上的明确性和技术上的可操作性以成为日常规划建设管理的依据。

凡涉及"体验"，都具有公共管理的复杂性，对之讳莫如深，曾严重损害我国的城市竞争力。近年来通过克拉玛依市、芜湖市、上海虹桥商务区、澳门特区等地的风貌规划探索、城市特色管理的实践反馈与调试，在技术上已经能够成为日常建设管理的依据。公共体验价值一旦成为公共福利在空间上达成共识，能够增强市场信心，激发城市文化特色的创造热情，避免全球抄袭的文化忽悠继续泛滥。

6 EOD 城市的有机控制机制

开发控制体系是 EOD 城市的保障。法国、日本《风貌法》的共同特点，是在市民社会和政府之间，由非营利性机构来负责专业管理事务，该第三方机构由政府职能部门人员、专家、风貌审议会、市民代表等共同构成。上海虹桥商务区的管理体系包括政府职能部门组织编制风貌规划、成立风貌审议会、指定风貌事业机构三个方面。

上海"虹桥模式"作为一种最新探索，主要有三个要点。一是事前告知，关于"体验"的相关条款纳入规划条件之中；二是第三方审议，使关于"城市体验"的城市风貌的行政管理能够在公开公平和专业化的条件下讨论磋商；三是批后评议，在"一书二证"批出之后、规划验收之前，对风貌相关内容进行评议，确保建设过程接受监督。

公众参与对 EOD 的意义非同寻常。日本《风貌法》规定了三个层次的公众参与方式，一是政府职能部门、专家、相关事业机构、公共团体、有关居民等，通过"风貌审议会"参与实施管理；二是不动产业主和租赁者，通过业主自愿、事业性技术支持和政府审批的"风貌协定"，来参与城市风貌的保护和塑造；三是非营利性组织、社会团体等在政府的监督下所形成的风貌事业机构，为居民提供技术和信息支持，并负责重要建筑、重要树木等的调查研究和相关事务。

探索和完善合适的开发控制机制是 EOD 模式城市所要跨出的关键一步。我国在这方面可以从重点城市和重大建设项目开始，充分认识风貌控制与空间形态控制的本质性差异，重新思考、继续探索、不失时机、勇于实践。

参考文献：

［1］《联合国教科文组织执行局第 186 次会议决议，巴黎 2011 年 6 月 19 日》186 EX/Decisions: Decisions Adopted by the executive Board at its 186th SESSION. UNESCO Executive Board, Hundred and eighty-sixth session. Paris, 19 June 2011

［2］《IFLA 提交里约峰会关于推动'国际风景公约'的提案》IFLA, Resolution to be put forward to Rio+20: Towards a UNESCO International Landscape Convention

［3］《上海虹桥商务区空间风貌特色专项规划》文本. 项目负责人吴伟. 上海同济城市规划设计研究院 2011.10, 中标项目

［4］《青岛市城市色彩控制规划》文本. 项目负责人吴伟. 上海同济城市规划设计研究院 2012.8, 中标项目

［5］《澳门城市风貌规划研究》文本. 项目负责人吴伟. 同济大学建筑与城市规划学院 2012.6

日本《景观法》对城乡风貌的控制与引导

尹仕美 （同济大学建筑与城市规划学院）

2004 年 6 月，日本参议院通过了《景观法》（Landscape Act）、《实施景观法相关法律》以及《都市绿地保全法》等三项法律，并于同年 12 月正式实施。上述三部法律涉及景观建设问题，因此通称作"景观绿三法"。《景观法》的颁布实施在日本城乡风貌建设史上具有划时代的意义，它从根本上是确立了城乡风貌作为"全民共同财产"的基本建设理念，并从立法上确认了其法律地位。

1 日本景观立法的实施背景

1.1 内涵演变

景观（Landscape），在日本城市建设史上经历了从"城市美—历史性景观保护—共建良好景观"的主要发展演变过程。

早在 1919 年的《城市规划法》（又称"旧法"）和《市区建筑物法》中就作出有关"风致地区制度"及"美观地区"的规定，以"维护城市内外的自然美并保护其免遭破坏"和"增进城市的建筑美"。景观（Landscape）作为"城市美"语言，在近现代早期与城市规划体系联系较弱，但与城市美化运动却有着紧密的联系。1936 年东京大学建筑系名誉教授以冢本信在《城市美运动的展望》中这样写道，"近来各地都高喊着城市美的口号，保护城市风景，树立城市风景规划的趋势更是日渐高涨"。

二战期间，日本国民财富损失率高达 26%。经济复兴和提高经济自立能力成为战后初期的首要任务，城市建设方面陷入了经济利益优先、城市特色缺失的无序混杂状态，"保护历史性的风土人情"的讨论波及日本全国，并发展成为日本民众普遍关注的问题，"保护历史性景观"成为该时期景观规划的重点，至1972 年制定《京都市城市街区景观条例》时，景观规划内涵已从历史性环境扩大到城市街区的全体景观。

20 世纪 80 年代前后，景观规划以各地方自主景观条例制定为核心，从日本现代城市规划制度中逐步独立分化出来，并在国土开发计划中起到更为重要的作用。1998 年 3 月出台的"21 世纪国土的伟大构想"（Grand Design，简称伟大构想）（即第五次全国综合开发计划），计划通过建立有个性的区域文化，分散高度集中的国土结构，以此来缩小区域间的差距。2003 年 7 月，日本国土交通省围绕着"美丽国土"的建设及推进而颁布制定了《美丽国土建设大纲》这一国家政策指导框架，从而将促进良好景观的形成提升到了重要国家政策的地位。次年6 月颁布实施的《景观法》中明确将景观定义为"良好景观是形成美丽而有风格的国土、丰富而有情趣的生活环境所不可缺少的，是地域的自然、历史、文化等与人们的生活和经济活动协调而形成的，对促进观光和地区交流有极大作用，是增强地区活力的资源"，景观成为"国民的共同财富"。

以《景观法》（Landscape Act）颁布实施为标志，此时景观内涵更多地融入生态、文化、历史等方面因素，不再局限于关注建构筑物、城市设计、视觉景观等方面，并发展成为推动、实现国家战略发展的重要经济推手。

1.2 立法基本理念

《景观法》第二条中明确规定 "良好景观"（good landscapes）是作为"国民共同的资产，应予以妥善整备与保全，使现在及未来的国民均能享受其恩泽"的基本价值观；同时，该条款中还明确"良好景观与地域固有特性有密切的关联，应尊重地域居民的意愿、发挥地域的个性与特色"的建设思路，并且说明良好景观建设不仅仅是"保全现有的良好景观"，还要创造新的良好景观。

由此可见，在日本城乡风貌建设中，突破传统历史文化环境保护的范畴，将与人们生活息息相关的生活环境一并纳入上升为"资产"的概念，它是一种全域保护建设的概念。从建设途径来看，强调对当地地域个性与特色的尊重、对当地居民意愿的尊重，并由此而确定了其他有关的规划体系。

2 法规体系

《景观法》的颁布实施，形成了以其为主干法的三级法规体系结构，即：

①更高层面的法律包括民法、国土发展综合法、国土利用规划法和国家高速公路建设法等；

②相关法包括城市规划法、建筑基准法、户外广告物法、自然公园法、自然环境保护法、促进农业地区发展法、森林法、土地征用法、都市开发资金放贷相关法律、干线道路沿线整备相关法律、集落地域整备法、维持都市美观及风致为目的的林木保护相关法律、特定紧急灾害受害者权益保护为目的的特别措施相关法律、促进密集城市街区的防灾整备的相关法律、矿业等类型土地利用手续调整相关法律、自卫队法等；

③专项法包括历史文化保护区专项法、城市绿地保护法、城市公园法以及相关地方法规等。

《景观法》的颁布实施同时促使其他相关法则或条例作出部分调整，如：城市规划法方面实施对都市计划区域的高度地区、风景地区、细部计划地区等区域运用修订；建筑法方面将过去的建筑规范，如建筑条例、容积率规范、大楼兴建、建筑设计等加强实施景观整体规范；文化景观方面透过文化行政单位，进行景观计划区域或景观地区的重要文化景观认定和评选；屋外广告物针对阻碍景观的行为因素，实施相关规定和劝导；绿地营造方面透过公园绿地等相关行政单位，积极进行重要景观资源所包含的绿地、树木保护以及推展都市绿化；公共设施方面从景观形塑重要的元素，让各部会的公共建设配合景观整体计划的实施。

3 行政体系

《景观法》颁布之前，日本主要是通过《城市规划法》（1911，1968）、《古都历史风土保存特别法》（1966）等制度来保护风致地区、美观地区及历史性景观。立法之后以《景观法》为支撑，中央管理部门为国土交通省，其直属行政部门为都市局的公园绿地·景观科，农林水产省、环境省等相关行政机构相互协调配合；地方政府则由都市整备局负责，各景观行政团体、其他相关职能部门、景观审议会、景观整备机构、事业开发者、专家、居民等共同参与的规划体系（图1）。

3.1 中央政府的规划职能

在国家层面上，景观行政管理负责机构是国家交通省下属的都市整备局，其主要工作是依据国家法律制定战略性的发展计画、推进措施等，为地方城市提供工作方向和实施方针。

3.2 地方政府的规划职能

在地方政府层面上，负责景观的主管部门主要是地方都市整备局下属的都市景观部。各地方主管机构可根据情况设立"景观行政团体"（Landscape Administrative Organization），其职能主要是组织编制法定基础性规划（即景观计划）、负责景观协定的审核与废止及对本地区的景观整备机构（NPO）进行监督与指导。

3.3 规划行政程序

（1）编制审批

地方景观主管机关根据公听会上当地居民意见组织编制景观规划，并听取有

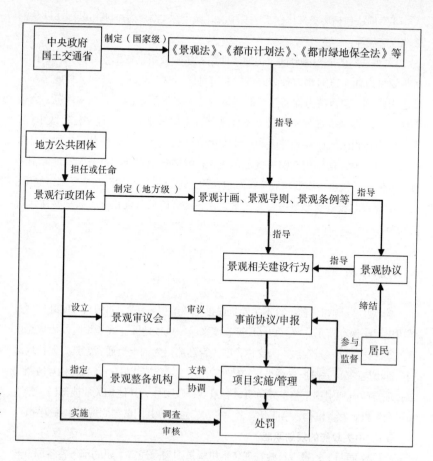

图1 日本景观规划实施程序
资料转引自：吴雅默.日本横滨市景观管治变迁及其体系研究[D].上海：同济大学，2012，P36

关部门意见（如城市规划、地方政府、公共设施、公园管理等），编制完成后应公示。

景观规划区域内的土地所有人可依法对地方景观主管部门提出拟定或修订景观规划的建议，地方主管部门在收到提议后应作出明确答复，并告知相关理由。

（2）申报与劝告

在景观区域从事建设涉及建筑物、工作物的外观样式和色彩改变时，应向地方景观主管部门负责人提出申报。为达到建设良好景观的目标，负责人得对特定的申报对象行为或其他有碍于形成良好景观的行为作出变更设计或采取其他必要措施的要求。

（3）指定与撤销

在景观规划区域内，除依文化保护法指定的保护对象之外，地方景观主管部门可指定区域内的重要景观建筑物或重要景观树木，也可依申请同意指定，被指定为重要景观建筑物或重要景观树木依法设置标识。

在保护期间，重要景观建筑物的新、扩、改建或外观修缮、样式变更及色彩调整应事先征得地方景观主管部门负责人的许可。

被指定为重要景观建筑物因不可逆原因而消灭时，地方景观主管部门应解除其指定。

（4）监督与责罚

地方景观主管部门负责人依法对重要景观建筑物与重要景观树木维护、景观整备机构等进行监督；市町村长依法对城市规划区域或准城市规划区域内的景观地区建筑物形态意象实施进行监督。

对于违反有关规定的行为或建设将受到不超过一年的监禁或 30 万、50 万日元的处罚（第 100-107 条）。

4 规划运作体系

日本景观规划的运作过程主要包括三个方面，即规划编制、规划实施及财政措施。

4.1 规划编制

（1）规划范围

为促进城市及农山野渔村良好景观的形成，日本城乡风貌的控制引导通过"景观规划区"（Landscape Plan Area）覆盖整个地域范围（图 2）形成统一的空间规划体系，规划对象不仅仅囿于城市，山野渔村等均可成为规划保护对象，以促进各个地域均能形成独特的国土风格，创造滋润富饶的生活环境，实现富有个性与活力的地域社会。

其中，景观规划区根据城市规划区内外又划分为景观地区与准景观地区（图 2）。

（2）规划编制主体

通过景观系统控制引导城乡

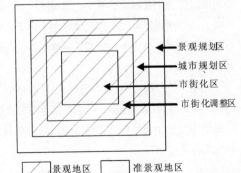

图2　城乡风貌规划控制引导区示意图

25

风貌建设的规划编制主要有两个主体，一是地方景观主管部门负责组织编制的景观规划，二是市町村负责组织编制的城市规划。

地方景观主管部门主要是针对下列区域拟定景观规划：① 现有良好景观必须加以保护的区域；② 符合当地特色的良好景观区域；③ 促进地域间交流的区域；④ 为住宅区开发而需要创造良好景观的区域；⑤ 不良景观区域。

市町村组织编制城市规划时，为形成良好景观，在城市规划中划定景观地区。

(3) 编制内容

不同编制主体编制的景观规划，其编制内容侧重点不同。景观规划编制包括景观规划区域的划定、确定形成良好景观的方针及行为限制事项、重要景观建筑物与重要景观树木的指定、屋外广告物的规定、与景观相关的重要公共设施建设事项等；而城市规划中指定的景观地区，根据《城市规划法》有关规定，主要是对建筑物形态意向、建筑物最高限度与最低限度、墙面位置、建筑物及基底面积的最低要求等作出限制。

4.2　规划实施

日本城乡风貌规划实施主要通过地方景观行政团体、申报制度及事前协议制度来实现。"景观行政团体"作为媒介在国民与中央政府之间、相关职能部门之间起到重要的沟通、协调作用，各界人士通过景观评议会、景观协议及景观整备机构（NPO）等多种形式参与到规划实施过程中去，形成一种民主、开放的实施决策结构（图1）。

4.3　财政措施

为更好地推动景观建设，日本政府推行了财政预算、地方性补助、税收优惠等财政措施予以支持。2005 年开始，在行政拨款项目中新设"景观形成事业推进费"财政支出项目，首次拨款 204 亿日元，专门用于推进景观建设事业活动，如对景观整备相关事业的补助、透过民间都市开发推进机构扩大对民间事业者的支持、对景观规划区域内的土地区划整理事业提供无息贷款服务等等。景观形成事业推进费并不是完全按计划固定使用的，政府会根据景观建设情况可适当追加有关费用。

此外，地方都市·地域整备局通过税收优惠措施对于景观上重要保护建筑物、树木、绿地等，可通过施行继承税减免的方式使其得以继承和保留；对促进景观区划整理的土地使用权转让给景观行政团体或景观整备机构的所得施行 1 500 万日元的特别扣除等。

5 《景观法》实施带来的变化

5.1 景观法实施状况

景观法实施以来，各地方主管部门纷纷成立景观行政团体，并制定相应的景观规划。景观规划是建设良好景观的主要依据，自 2007 年呈现出明显增多趋势；景观规划中一直比较重视景观重要建造物的指定，景观重要树木的指定则在 2007 年之后出现急速增长的现象；而景观协定与景观整备机构作为规划落实的重要媒介，从 2007 年至 2010 年间呈现稳定增多的现象。

5.2 综合效应的初现

根据国土交通省所进行的调查，《景观法》实施六年来，良好景观的形成促进居民与地方景观行政团体景观意识的提高、中心市街地活力的增强、居民对地区满意度的提升、观光旅游人数的增多、地区观光销售额的增长、地价的保持与增长，以及地方税收的增长。以北海道小樽市小樽运河景观改造为例，通过小樽运河散步道的整备、运河的净化及石造仓库群的保全，并制定了"小樽历史和自然活用景观条例"，小樽河的观光人数从 1986 年的 270 万人次增长到 2008 年的 715 万人次。

6 结语

日本城乡风貌建设中所确立的"良好景观"通过景观规划系统的技术途径达到美丽国土的建设目标。目前我国城乡风貌建设仍处于初期探索阶段，规划编制方面尚未形成成熟的编制技术办法；规划实施方面更多地体现出一种"自上而下"的模式；而风貌建设所涉及的广泛层面协商制度更属空白，公共参与的途径更多地表现在公示环节。日本行政体制虽与我国有根本性的差异，但从技术途径角度来看，我国未来的城乡风貌建设仍可从中有所借鉴。

参考文献：

[1] 国土交通省. 景观绿三法[EB/OL].http://www.mlit.go.jp/crd/townscape/keikan/index.htm

[2] 新华网. 日本制订《景观法》保护各类景观. [EB/OL].http://news.xinhuanet.com/world/2004-06/11/content_1521281.htm.2004-6-11.

[3] 唐子来,李京生.日本的城市规划体系[J].国外规划研究,1999,23(10):50-54

[4] 饭沼一省.《城市规划的理论和法制》// 真荣城德尚.日本《景观法》及户外广告规划管理研究[D].上海:同济大学,2008:13

[5] 塚本靖."都市美运动的展望".《都市美》// 真荣城德尚.日本《景观法》及户外广告规划管理研究[D].上海:同济大学,2008:8

[6] 吴雅默.日本横滨市景观管治变迁及其体系研究[D].上海:同济大学,2012

[7] 孙明贵.战后日本的区域开发政策[J].国土开发,1998,5:37-40

[8] 尉迟坚松.日本近代城市规划的演变[J].国外城市规划,1983,2:28-39

[9] 吴霞.战后日本的区域开发和区域经济[J].陕西经贸学院学报,2001,14(6):60-62

[10] 刘颂,陈长虹.日本《景观法》对我国城市景观建设管理的启示[J].国际城市规划,2010,2:101-105

[11] 肖华斌，等. 日本《景观法》对我国城乡风貌与景观资源空间管治的启示 [J]. 规划师.2012,28(2):109-112

[12] 李桓,施梁.日本《景观法》评价[J].华中建筑,2006,24(10):159-161

[13] 凌强.日本城市景观建设及其对我国的启示[J].日本研究,2006,2:44-48

[14] 程新启.日本"景观绿三法"对行政执法的深层次影响[J].上海城市管理职业技术学院学报,2006,1:51-54

[15] ［日］国土交通省. 都市局关系税制[EB/OL]. http://www.mlit.go.jp/toshi/crd_fr1_000003.html

[16] 陈湘琴.日本城乡风貌形塑制度与景观计划实施之调查研究——以观光地区京都市为例[J].国立虎尾科技大学学报,2007,26(1):81-96

[17] 国 土 交 通 省. 景 观 法 实 施 状 况 [EB/OL].http://www.mlit.go.jp/crd/town-scape/database/Landscape_Index.htm

[18] 国土交通省. 景观法一书 [EB/OL].http://www.mlit.go.jp/toshi/townscape/crd_town-scape_tk_000011.html

城市风貌的魅力目标和主题塑造
——以五指山市城市风貌规划为例

李敏泉　罗召美

(雅克设计有限公司)

"风貌"的解释主要有如下几种：① 风格和面貌；② 风采相貌；③ 景象。"风"暗示了其动态、演变、与时俱进的特质，是社会习俗、风土人情等文化形态方面的表现。"貌"揭示了其静态、固定、传承延续的特征，主要包括有形形体、无形空间，是风的载体。因此，"风貌"是民俗民风、文化传统与地理特征、物质形态空间环境的融合，是自然景观和人文景观统一性和独特性的整合，并涉及人的精神感知层面。"魅力"在《当代汉语词典》里的解释是"吸引人的力量"。魅力城市需要有魅力的题材和载体作为支撑，有魅力的城市应是一个具有个性、气质、特色的城市，因此城市风貌是城市特色与城市个性魅力的综合体现。以下以五指山市城市风貌规划为例，探讨城市风貌的魅力目标和风貌主题的塑造。

1　城市风貌规划的理论思考

1.1　城市风貌研究维度

我们在多年的城市风貌研究和实践中，逐步形成了对如下"六个研究维度"的认识和把握（图1）。

1.1.1　资源

主要论及风貌资源，包括自然、人工、人文三类风貌资源。世界疆域广阔，有崇山峻岭、海湾沙滩、大江平湖、城乡聚落等，不同的城市有区别于其他地域的风貌资源，这些资源赋予城市富有个性的景观，它们共构成城市的景观风貌基质。

1.1.2　空间

空间是反映城市生活的重要场所，有集市、庙会等传统场所，广场、公园、骑楼、街巷等公共空间，它们使得城市空间形态具有极强的"复合性"。这些"空间形态和特征"是城市的特色资源，应重视挖掘和开发与城市风貌密切相关

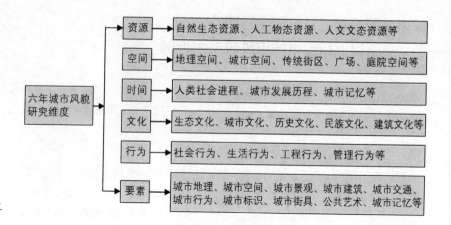

六年城市风貌研究维度	资源	自然生态资源、人工物态资源、人文文态资源等
	空间	地理空间、城市空间、传统街区、广场、庭院空间等
	时间	人类社会进程、城市发展历程、城市记忆等
	文化	生态文化、城市文化、历史文化、民族文化、建筑文化等
	行为	社会行为、生活行为、工程行为、管理行为等
	要素	城市地理、城市空间、城市景观、城市建筑、城市交通、城市行为、城市标识、城市街具、公共艺术、城市记忆等

图1　六个城市风貌研究维度

的各种"空间形态"——如地理空间、城市空间、街区、广场、庭院空间等，从"特定的空间位置"切入，层层深入，使其为塑造城市空间特色而充分发挥作用。

1.1.3　时间

城市风貌的形成是城市发展进程中不断沉淀、积累的结果，不同时期的发展使城市留下了特定的城市记忆，塑造了不同城市间的特色差异性。城市风貌的形态都会随着时间的流动而发生变化。

1.1.4　文化

文化是人类文化和历史延续的产物，无论是"物态资源"的文物古迹、传统建筑、历史街区、风景名胜，还是"文态资源"的历史传说、名人掌故、生活原型、地方民俗等都体现出深厚的"文化积淀"。

1.1.5　行为

城市风貌涉及人的行为和活动与城市空间互动的问题。人们不同时期的生活行为、社会行为、工程行为、管理行为等，都将对当时的城市风貌产生影响。

1.1.6　要素

城市风貌要素是城市风貌魅力展示的载体，也是城市风貌规划的基本体系。根据对城市风貌内涵和城市风貌规划内容的理解，我们认为影响城市风貌的要素主要有城市自然环境、城市空间、城市景观（含绿地系统、夜景灯光等）、城市建筑、城市交通、城市行为（含产业系统和城市节事等）、城市标识、城市街具、公共艺术、城市记忆等10余类重要的要素体系，城市风貌的塑造应从这些方面入手。

1.2 城市风貌规划理念

基于近10年来我们对城市风貌规划的实践和研究，对城市风貌规划的理念主要有如下认识和体会（图2）。

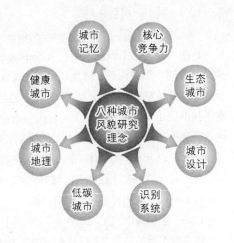

图2 八种城市风貌研究理念

1.2.1 城市记忆

城市都有自己的专属记忆，不同的发展历程、文化基质及地域背景等决定了城市记忆的差异性，城市记忆最能展现每个城市的个性。从其构成要素看，城市记忆由记忆主体和记忆客体两部分构成。记忆主体是长期聚居于城市中的人；记忆客体是在城市中人们可感知、认识的一切自然、人工、人文的事件和观念。记忆客体有无形和有形之分，音乐、方言、传说、民俗、信仰、传统工艺技艺等，以概念、符号、特定行为等来表达和传承，为无形的记忆客体；地理景观、建（构）筑物、文物遗迹、民间工艺品、文献资料等，以人可感知认识的物化形式而存在，为有形的记忆客体。在"全球一体化"、"千城一面"及城市特色日渐消失的今天，保护和传承城市记忆力已成为体现城市细节、丰富城市内涵、增强城市辨识度、提升城市软实力和塑造城市风貌的当务之急。

1.2.2 核心竞争力

在工业化发展进程中，许多国家的城市都出现了严重的"趋同化"发展倾向，导致"城市特色"的丧失，城市之间的竞争力减弱。"城市核心竞争力"理论倡导通过培养城市自身的"核心竞争力"，突出城市的个性，使城市在变化的环境中立于不败之地，以达到"以不变应万变"的境界。"城市核心竞争力"理论的重心在于研究城市内部的因素，力求合理组织城市内部各种资源，以期形成别的城市不容易模仿的"独特的竞争能力"。这种有特色的城市，才有可能在"全球化"的城市海洋中备受注目。

1.2.3 城市设计

城市设计理念是建设和营造良好的城市风貌不可忽视的主要因素，关系着城市空间形象的塑造和保护。具体的研究领域主要有城市空间形态、城市空间意象、城市空间格局、城市色彩基调、城市绿地、城市天际轮廓线及眺望点、城市边界、视觉景观走廊及历史文物的保护和利用等内容。

1.2.4 城市识别系统

"城市识别系统"（City Identity System）是从"形象与环境艺术"角度理念导入，由"企业形象识别系统"（Corporate Identity System）发展而来，后又延伸到城市的"形象设计"理念。此系统反映城市地域文化、历史传统、市民风范、经济发展等城市特色，从而对城市产生清晰、明确的印象和美好的联想并区别于其他城市的沟通系统。面对我国城市形象"千城一面"及城市建设盲目发展、复制模仿现状，城市风貌规划非常需要吸取系统、科学的"城市识别系统"设计理念，以此作为整治和统一视觉环境的方法，塑造鲜明而独特、现代而优良、富有时代气息和个性魅力的城市风貌，建立健康向上的城市文化精神理念、市民行为识别系统和城市视觉识别系统。

1.2.5 生态城市

生态城市是与城市文明时代相应的人类社会生活新的空间组织形式，是一定地域空间内人与自然系统和谐、持续发展的人类住区。在风貌规划研究中追求"生态城市"的理念，期望在城市风貌规划中塑造富有自然气息的公共空间和生活环境，使生态环境效应成为城市经济、旅游、文化发展的新动力。

1.2.6 低碳城市

首先倡导低碳生活方式，其次是控制交通碳排放、城市小汽车过度增长和过度使用。营造具有低碳生活品质的城市风貌形态。

1.2.7 城市地理

城市地理涉及自然地理、人文地理、社会地理学等领域。比如"山水城市"的构想最初是20世纪90年代由钱学森教授提出的。"山水城市"虽然是个概念，不仅是中国传统山水文化的体现，同时也是一种理论方向和实践目标，它显示了宏观时空的必然规律与前瞻的时代效应。"山水城市"的理论完善与实践的发展，需要一代或几代人的共同努力。风貌规划研究引入城市地理，目的是要在揭示城市地理对象多种属性的基础上，以高科技为手段，以特定的城市地理区位条件、民族文化和环境美学为内涵，创造城市与自然、人与城市、人与人相和谐的、具有地域特色的最佳人居环境。

1.2.8 健康城市

"健康城市"概念由世界卫生组织(WHO)于1986年提出，并将"健康城市"定义为一个不断开发、发展自然和社会环境，并不断扩大社会资源，使人们在享受生命和充分发挥潜能方面能够互相支持的城市。1995年，海口市是WHO在我国选定的第一个"健康城市试点城市"。2013年3月14日我国第一个世界卫生组织（WHO）"健康城市合作中心合作网络"在上海市成立，标志着我国"健康城市"的建设步入了新的阶段。健康城市涉及城市风貌和城乡风貌两个系统。一个是风貌的核心载体，一个是城乡风貌和城镇化的域面载体，两者相辅相成，互动发展，不可分割。"健康城市"是实现城镇化与新农村建设的双轮驱动和良性互动，是健康城镇化道路的必然选择，也是城市风貌的目标。

2 五指山市城市风貌现状SWOT分析

2.1 风貌优势

2.1.1 区位优势

（1）地理风貌区位

五指山市位于海南岛中南部，是海南岛海拔最高的山城，东南邻保亭县，西接乐东县，北连白沙县和琼中县。海南岛处在世界三大雨林之一的印度马来雨林群系最北边缘，市域境内的五指山是海南五大原始热带雨林之一的载体（图3）。

（2）生态风貌区位

在海南省城乡空间"4-1-2-5①"发展结构中，五指山市处于山区圈层（生态保育区）。中部山地自然保护区域是全省的生态绿心风貌区，发育并保存着我国最大面积的热带雨林及丰富的生物多样性（图4、图5、图8）。从生态区位看，五指山市具备良好的生态风貌区位环境。

（3）旅游风貌区位

在海南城乡空间七大功能区中，五指山市处于两大旅游功能区：一为南部热带滨海旅游功能区：该市主要突出旅游服务基地建设，为周边旅游提供良好的服务条件；二为中南部生态旅游农业功能区：在保护山区森林前提下，适度发展观光旅游业（图6）。从旅游风貌区位看，五指山的热带雨林生态旅游风貌、休闲

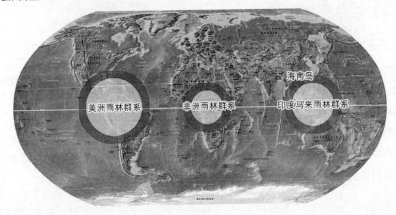

图3 海南岛处在印度马来雨林群系最北边缘

33

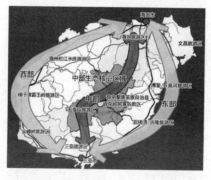
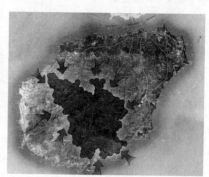

图4 | 图5
图6 | 图7

图4 郊野田园风光
图5 郊城区绿化风貌
图6 五指山市地处两大旅游
　　功能区
图7 海南黎族居住分布图

度假风貌已见雏形。

（4）民族风貌区位

五指山市位于海南我国唯一的黎族聚居区的中部，形成了汉在外、黎在内、苗在山顶的水平和垂直分布的民族分布区位（图7）。是海南目前黎、苗风情风貌有一定基础的城市之一，但有待进一步强化，需与周边保亭、琼中等黎苗自治县形成和谐发展格局。

2.1.2　资源优势

（1）自然风貌资源

五指山属热带季风气候，有热带、岛屿与山区的气候特征，素有"天然空调"、"天然氧吧"、"南国夏宫"、"清凉世界"之美誉，是避暑避寒和度假疗养的理想之地。五指山市有森林面积860平方公里，植被覆盖率75%，是海南岛的"绿心"，与南美洲的亚马逊河流域、印度尼西亚的热带雨林成为全球保存最完好的三大热带雨林（图3、图8）。海南主要的江河皆从此地发源，山光水色交相辉映，构成奇特瑰丽的风光。山水城市的山体轮廓线、地形高差、河流形态等自然特征极大地丰富了城市的空间层次，为塑造山地城市风貌奠定了基础。

34

（2）人工风貌资源

有毛阳镇的黎族原始村寨初保村（图9）、水满文明生态村、五指山革命根据地纪念园、梯田景观；水满乡的农耕风貌、水满乡民居；南圣镇的什栏村、南圣河春雷水闸；冲山镇的琼州大学、步行街；畅好乡的畅好农场；番阳镇的冯白驹将军琼崖公学纪念亭等。其中黎族船型屋是最具特色的人工风貌资

图8　五指山市是海南省的绿心

源（图9）。老城区历史建筑主要有琼州大学主楼、老州府、市委"红楼"（图10～图12）等，是五指山市建筑文化的重要载体。

城区绿化特色突出，以樟树、盆架子、非洲楝等为代表的行道树不仅形态优美、树干高大、树冠浓密（图5），而且板根突出、寄生植物丰富、老树开花结

图9　初保村黎族聚落和干栏式建筑

图10　历史建筑之一：琼州大学主楼

图11　历史建筑之二：老州府

35

果壮观（如三月三大道、沿河北路、解放路、广场北路、爱民路等），形成了名副其实的林荫街道。老城区内无论大街小巷还是单位院落，均体现了"香樟之城"精巧别致、绿意盎然的城市风貌特色。

（3）人文风貌资源

红色文化：五指山是海南岛老革命根据地，琼崖纵队曾在这里长期坚持斗争。五指山

图12　历史建筑之三：市委"红楼"

市有琼崖公学旧址和五指山革命根据地纪念园等革命文化遗址。

黎族文化：初保村由于受到外来文化影响较少，后期又由于政府加强了对黎族文化的保护，使村落仍然保留原始的聚落风貌，是海南唯一黎族干栏式民居建筑村落。黎族人民能歌善舞，黎族歌舞主要有竹竿舞、舂米舞、斗牛舞等，传统节日主要有三月三、嬉水节（图13、图14）。

苗族文化：苗族是五指山市第二大少数民族，主要分布于水满乡。苗族节日主要有三月三和姐妹节，传统美食有五色饭等。

2.2　风貌缺陷

五指山市是一座较年轻的城市，其历史积淀不够悠久，城市的建筑风貌体系、城市意象体系、城市景观体系等主要风貌载体缺少文脉特征。城市形象目标不够清晰，宣传力度不够。对城市标识系列、城市视觉形象及行为形象缺乏应有的认识，城市节庆活动运作模式单一。对城市天际线、城市色彩基调、建筑高度控制等城市风貌要素缺乏认识（图15～图17）。现有交通路网不够便捷，城市基础设施及公共设施配套不够完善。城市街具设施、环境设施、公共艺术等缺乏

图13　黎族舂米舞
图14　黎族三月三节日活动

图15 建筑色彩基调混乱
图16 建筑高度缺乏有效控制

地域特色及黎、苗文化元素和人文风情。城市公共绿地较少，城市滨水地段、公共空间景观风貌缺乏品质。旅游资源和客源市场定位存在与海南中部其他城市"资源同质性"相似竞争的状况。五指山市现有旅游发展相比于三亚的滨海旅游，存在被边缘化的现象。综上所述，导致旅游业这一"城市核心竞争力"目前处于弱势。

图17 公共艺术缺乏地域特色

2.3 未来机遇

在海南建设国际旅游岛的大背景下，五指山市发展机遇千载难逢。海南省政府对五指山市的发展给予了高度重视。各级领导指示要把发展旅游作为经济工作的重中之重；应突出自己的特色，走差别化发展的道路；要突出山和民族风情两大特色。

2.4 风貌危兆

五指山市在大发展、大建设的形势下，城市风貌的特色保护与文化传承也面临着巨大挑战，对城市特色、个性的挖掘不足，容易形成"特色缺失"的尴尬境地。五指山市目前在城市建设中显现的问题不仅与生态环境的矛盾日渐突出，而且存在损害城市空间风貌特色的危机，是城市未来健康发展的危兆（图18 ～ 图21）。前几年该市城市建设的品质不高，主城区开发强度较大（两高一无，即高容积率、高密度、无限高等），处于无序状态，呈现失控征兆，城市建设和城市规划管理的良性秩序急待建构。

图18 受损的生态环境是五指
山市塑造生态风貌魅力
的危兆

图19 生态环境未及时修复,
给城市生态风貌魅力
的塑造带来危机

图20 未及时改造的城中村影
响城市旅游风貌魅力的
塑造

3 五指山市城市风貌魅力目标

3.1 一个中心

在海南省建设"国际旅游岛"的大背景下,结合五指山市的特色风貌资源,将"发展旅游业"作为经济工作的重中之重,风貌建设要紧扣旅游,以旅游发展作为塑造五指山市城市风貌魅力的中心目标。在此前提下,还应把"国际慢城品牌"的风貌建设作为长期和最终的目标追求。

3.2 两个重心

五指山市要实现旅游风貌中心目标,必须强调"生态"和"民族"这两个与岛内其他城市不一样的自身特色资源作为重心,有差异性的城市风貌才有魅力可言。

3.3 三个重点

我们塑造城市风貌的目的是要让生活在城市里的居民及游客感受到城市的魅力所在。五指山市的风貌魅力目标除上述一个中心、两个重心之外,就是三个重点(两个重点区域和一个重点要素)。两个重点区域是南圣片区和水满片区,一个重点要素就是建筑体系。建筑是彰显城市风貌及魅力的主要载体(表1)。

4 五指山市城市风貌魅力主题塑造

4.1 生态风貌魅力主题

五指山市处于海南省中部山地生态保育区,是海南省的"绿肺"。海南省的自然生态资源是海南省建设国际旅游岛的基础资源。自然生态资源受到破坏后恢复难度较大,如林相一致的原始热带雨林和次生林在降雨、气温、生物种类、生物链长度、生态系统复杂程度等方面有较大差别。因此生态风貌主题的塑造需要

表1 五指山市城市风貌魅力目标一览表

风貌目标	风貌策略/措施	风貌载体/体系	实施区位	风貌形态/后续项目
生态风貌	·保护生态基质 ·修复生态基底 ·运用绿化构形 ·塑造绿化景观 ·倡导低碳交通	·山体/水系/植被 ·山体/水系/植被 ·绿地/公园/景区 ·绿地/公园/景区 ·新能源/交通工具	·城区/市域 ·城区/市域 ·城区/市域 ·城区/市域 ·城区/市域	·郊野树顶天堂 ·林荫商业街区 ·滨水地段绿地 ·街头袖珍绿地 ·居住社区绿地
民族风貌	·挖掘民族文化元素 ·演绎民族建筑符号 ·选择风貌展现载体 ·塑造民族城市风貌	·城市色彩基调 ·城市街具体系 ·城市标识体系 ·公共艺术系列 ·民族文化系列	·城区/市域 ·城区/市域 ·城区/市域 ·城区/市域	·河堤彩墙壁画 ·民族人物钢雕 ·城市街具系列 ·城市标识系列 ·民族文化节庆 ·民族歌舞节目
旅游风貌	·延续特色建筑风貌 ·建构风貌游径系统 ·建设景观眺望系统 ·培育特色旅游品种 ·营造慢行城市品牌	·历史/特色建筑 ·游径系统 ·眺望系统 ·旅游体系 ·第二居住地环境	·中心/城区 ·城区/市域 ·城区/市域 ·城区/市域 ·城区/市域	·历史建筑保护 ·特色建筑整治 ·眺望塔 建造 ·专线游径建设 ·特色旅游开发

保护好五指山市的自然生态环境，同时还要维护好山水格局的连续性，以维护五指山市山地城市的自然特征。

目前五指山市城区内道路绿化较有特色，而公园广场、滨河地段、社区绿化很普通，特色不明显，不能充分体现五指山市的生态特色。因此，我们在对五指山市风貌规划时倡导加强城区内这些地段绿化特色的培育，以构建宜人的人居环境。同时利用南圣河滨河资源，如通过在南圣河两岸设置亲水步行林荫道，连接城区内的植物斑块等途径，塑造五指山市热带生态风貌主题，体现五指山市的生态风貌魅力（表1，图21 ~ 图26）。

4.2 民族风貌魅力主题

黎族是海南省的原住居民，而五指山市是我国黎、苗族聚居的主要地区，因此五指山市民族文化资源丰富，这些民族文化资源是五指山市的特色资源，应当受到保护和延承。我们通过策划歌舞节目、城市节庆等，以弘扬传承海南省的

图21	图22
图23	图24
图25	图26

图21　受人居环境生态风貌

图22　乡土植物生态风貌

图23　植被构形生态风貌

图24　绿化构形生态风貌

图25　以植物为题材的公共艺术展现生态风貌

图26　树冠走廊生态风貌

黎、苗文化；规划城区内的公共艺术（雕塑、壁画、环境装置等）、城市标识（功能性、装饰性、公益性标识等）、城市街具（服务设施、市政设施、休闲设施等）体系；同时五指山市城区内的公共艺术、城市标识、城市街具三大风貌载体中以民族文化作为素材，演绎并体现五指山市的民族风貌主题（表1，图27～图32）。

4.3　旅游风貌魅力主题

五指山市涉及海南省南部热带滨海旅游功能区、中南部生态旅游农业功能区及中部生态型度假区三个旅游功能区，因此五指山市具备的旅游条件是比较有利的。结合五指山市的旅游条件，我们认为应在市域、城区不同范围内合理策划旅游项目，通过风貌规划的游径系统、眺望系统将旅游项目、特色资源串联，塑造山水城市的风貌魅力（表1，图33～图38）。

图27 民族节庆展示的民族
风貌
图28 以民族符号为风貌元素
的河堤彩墙
图29 以民族头饰为载体的城
市广告
图30 以民族舞蹈为风貌元素
的钢雕装置
图31 以黎族建筑大挑檐为
风貌元素的地域建筑
图32 以黎族舂米舞为题材的
壁画
图33 游径系统旅游风貌
图34 绿道系统旅游风貌
图35 眺望系统旅游风貌
图36 设施系统旅游风貌

4.4　国际慢城风貌魅力主题

全球已有 23 个国家 140 多个地区被授予"国际慢城"的称号。江苏省高淳县桠溪镇是中国第一个被正式授予"国际慢城"称号的城市，目前全球还有 300 多个城市等待加入。"国际慢城"不仅是一种适宜步行、尊重场所历史的城市，而且还是一种挖掘经济发展潜力、保护自然资源（尤其是能源资源和水资源）的城市。慢城较适合具有"旅游"潜质的城市来实践，旨在成为令人满意的居住、工作和访问的场所，目标是支持当地的商业发展，培育本地的传统，保护环境，欢迎宾客，并且鼓励人们对当地生活的积极参与。"国际慢城"应具备如下特征：有山有水的小城、优美舒适的环境、颇有年头的建筑、简单悠闲的生活、富有情趣的活动、地域特色的土产、魅力十足的风貌、特色城市的品牌（图 39 ~ 图 42）。结合五指山市的风貌现状，我们认为五指山市比较适合建设"国际慢城"这一风貌主题，故提出了愿景性目标（表 2）。

图37	图38
图39	图40

图37　标识系统旅游风貌

图38　毛阳镇梯田景观旅游
　　　风貌

图39　"国际慢城"标识

图40　慢游是一种深度游

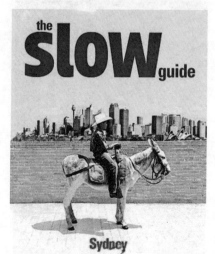

图41 高淳县桠溪镇"国际慢
城"郊野风光

图42 高淳县桠溪镇"国际慢
城"特色街区

表2 五指山市"慢城品牌建设"愿景性目标一览表

风貌目标	风貌策略/措施	风貌载体/体系	实施区位
自然生态风貌	·热带特征的生态 ·山水相依的地形 ·舒适宜人的气候	·具有恬然的生活环境和氛围 ·保持独特的自然状态和个性 ·体现环境友好性 ·承诺提供和保持纯净的自然环境 ·人口不得超过5万	·千姿百态的热带雨林 ·山光水色的自然景观、瀑布群、奇岩异树 ·天然动植物王国 ·山清水秀的中国慢行城市
人工物态风貌	·绿意盎然的街区 ·地域特色的建筑 ·乡土风味的特产 ·田园生态的旅游 ·民族风情的村寨 ·民族传统的工艺	·倡导和使用环保技术 ·发展旅游业、推行慢旅游、商业发展 ·在不丧失传统遗产的前提下，融入当代工艺技术 ·提供健康的食品、保护传统的饮食 ·不得使用转基因种子、作物、食品 ·大力倡导与推进符合可持续发展要求的技术	·延续建筑风貌特色 ·推进低碳交通模式的建设 ·建设游径系统、绿道网络 ·保护黎、苗村寨 ·构建特色旅游设施、特色生态农业、花卉、苗圃基地 ·推出五指山市野菜系列、高山蔬菜产业
社会文态风貌	·独具特色的民族 ·民族特有的风情 ·简单悠闲的生活	·深切维护富有内涵的人文环境 ·致力保持当地特有的风俗文化 ·保持高品质生活、推行健康的饮食和生活方式 ·提倡公平的交易、零售业优势 ·促进就业率上升 ·关心呵护居民和游客 ·鼓励所有人积极参与当地生活	·三位一体的农耕景观 ·独具一格的黎苗风情 ·注重经济社会的全面发展 ·吸引高端人士旅游、度假、定居的胜地 ·成为人们体验慢城生活的基地 ·倡导后工业社会的生活模式

5 结语

城市风貌是城市魅力的主要载体之一，城市风貌规划为城市魅力目标的实现建立了一条有效的路径。同时城市风貌魅力目标的实现需要全方位长期的积淀，不仅在时间维度中是一个可持续的动态过程，而且在空间维度上要涉及众多领域的深入延续研究。要求每一代生活在城市中的主体人群，顺应时代的发展不断做出适应时代要求的计划和行动。因此，基于城市风貌规划的城市魅力的营造还有赖于当地人民群众支持、政府推进、游客认同、时间沉淀及后续项目建设等因素。

注 释

① 海南省城乡空间"4-1-2-5"发展结构是指，四个圈层（海洋圈层、海岸带圈层、丘陵台地圈层、山区圈层）、一个绿心（山区圈层）、两条发展轴（西部工业经济发展轴、东部旅游经济发展轴）、五大空间节点（海口、三亚、博鳌-琼海、洋浦-儋州、东方）。

参考文献：

[1]海南省住房和城乡建设厅,雅克设计有限公司.海南国际旅游岛风貌规划导则[M].海口:海南出版社,2011.115

[2]李敏泉.城市特色资源与城市风貌 —— 兼论来宾市城市风貌特色研究[A].雅克设计机构.研究实录(雅克论文选1992-2012年)[M].北京:中国建筑工业出版社, 2012.66-79

[3]毕燕苹.城市记忆保护与历史建筑建档[J].浙江档案，2012, (10):57-58

[4]李敏泉.特色·标志·个性 —— 关于21世纪"城市特色"的理论思考[A].雅克设计机构.研究实录(雅克论文选1992-2012年)[M].北京:中国建筑工业出版社, 2012.29-35

[5]黄宇亮,王竹.杭州城市识别系统的诠释与实践[J].华中建筑,2006,24(8):105-109

[6]陈存友,陈玲循,胡希军.基于城市特色景观的城市识别系统构建策略[J].经济地理, 2012,32(11):65-69

[7]鲍世行.山水城市 —— 21世纪中国的人居环境[J].华中建筑.2002,20(04):1-3

[8]徐璐.健康城市与未来的城市交通[J].城市建筑，2010,(10):125-126

[9]中国新闻网.中国首个WHO健康城市合作中心网络落户上海[EB/OL].http://www.chinanews.com/jk/2013/03-14/4644905.shtml

[10]雅克设计机构.设计实践(雅克作品选1992-2012年)[M].上海:同济大学出版社, 2012.130-133

地景文化在西安城市中的历史、发展及应用研究

刘晖 王力

（西安建筑科技大学）

1 中国地景文化的起源与发展

中国地景文化的启蒙时期可以追溯到5 000年前的羲皇时代，伏羲氏画八索（即先天八卦图）是早期人类感知天地、辨别方位、界定人居与天地间关系的文化，也是对地理环境和自然景象的记录。《诗经·大雅·公刘》中记载周太王（约3800年前）率部族迁豳的诗句中包含的都城选址的思想，可以看出在周代人们对自然资源和景观要素有了更深入的观察和利用，已经产生了利用自然地势和景象选址的思想。到了公元前1250年间，周文王继续演绎《周易》，地景文化有了重大发展。周文王八卦（后天八卦）与伏羲八卦（先天八卦）在宇宙观上一脉相承。周公时代（约公元前1200年）利用"卷阿"的自然景色作为游歌休憩场所，是中国风景旅游的开端。

春秋战国时期，老子在其著作中论及人居与自然环境的关系，孔子以水与人的道德相比，阐述了水景内涵。《荀子·强国》中记载范雎问孙卿子"入秦何见？"答曰："其固塞险，形势便，山林川谷美，天材之利多，是形胜也。"孙卿子对秦地自然景观进行描述并提出"形胜"的景观美学概念。因此，这个时期可以认为是中国地景文化起源的时期。

秦汉时期的营建工程已有了浓厚的地景文化色彩。秦代营建的都江堰、秦直道、长城、秦都、秦宫、秦陵、秦兵马俑等大型工程都是将地景文化理论继承发展应用于帝王工程营建的案例。汉代对地景文化的运用扩展到人居环境的营建，管辖所著的《地理指蒙》将地景文化"形胜"理念赋予人居风水学的内涵。到了隋唐，营建工程因借自然的地景文化理念开始兴盛。隋代麟游仁寿宫和仙游宫的选址以及营建都可以看到因借自然的理念的运用。其中仁寿宫是最早采用"冠山抗殿"、"笼山为苑"的因借自然理念。隋代宇文恺将地景理论与周易结合运用在大兴城的规划建设中，唐代李治曾称赞道："宇文恺巧思过人。"李世明将历代陵园选址的"封土为陵"改为"因山为陵"，不仅减少物力财力的浪费，更重要的是借助自然山势显示出皇家陵园的威严和宏伟，将地景文化又加以发展。唐

代是道教和佛教发展的全盛时期,因此唐代道观、寺院的建造数量较多,大多结合名山大川的自然地景形势,构成人文意境与地理景象相结合的人文景观。宋元两代,帝王营建工程减少,但是文学绘画等艺术却蓬勃发展,郭熙所著《林泉高致》中评价可居可游为自然景观中的"佳处"。元代对中国地景文化起到了承前启后的作用。明、清两代继承各代地景文化,蔚为大成,创造了帝王工程、宫观寺院与自然山水融为一体,人居环境与地景文化、人文心理、风水与美学融为一体的空间营建实例。

2 历史时期西安城市中的地景文化体现

2.1 城市选址

河流与山原是西安城市重要的地貌特征。西安作为都城的若干次城址变迁也与此息息相关。西安小平原上河流密布,东有浐灞,南有潏滈,西有沣涝,北有泾渭,于是便有了《上林赋》中所描述的:"君未睹夫巨丽也,独不闻天子之上林乎?左苍梧,右西极。丹水更其南,紫渊径其北。终始灞浐,出入泾渭;酆镐潦潏,纡馀委蛇,经营乎其内。荡荡乎八川分流,相背而异态。"西安八水不仅为城市提供了生活和园林用水,也养育了西安这片土地,使其土壤肥沃,农业发达。西安小平原是关中平原中部地势最为开阔的地方,其间有众多黄土台组成,就是所谓的"长安六爻"。这些台塬不仅土质肥沃,水草丰美,也为城市的军事防御提供了可能。同时,这些台塬因为地势高,免受水患,历代都城的众多宫殿和重要的建筑都建在塬畔。如咸阳宫、章台宫、阿房宫、未央宫、大明宫等都建在咸阳塬与龙首塬畔。唐代青龙寺则建在乐游塬上,地势高峻,风景秀丽。西安历代都城的选址都与西安小平原独特的地理位置和地貌特征有密切的关系。而这种独特性可以用中国地景文化中的"形胜"来概括,八水环绕,原隰相间,实为一处军事形胜和风景形胜之地。

2.2 城池建设

历史上共有13个朝代在西安建都,都城的建设代表着那个时代最高的营建水平。

早在秦咸阳都城建设的时候就有了"表南山之巅以为阙,络樊川以为池"的地景理论,都城建设借助自然环境展示出帝王气魄。秦代采用的高台建筑,一方面利用天然地势使得建筑更为高大雄伟,另一方面则利于防水通风,同时也具有防御优势。秦都的布局是按照"象天法地"的思想设计的。《三辅黄图》记载:"筑咸阳宫,因北阪营殿,端门四达,以制紫宫象帝居。引渭水贯都,以象天汉。

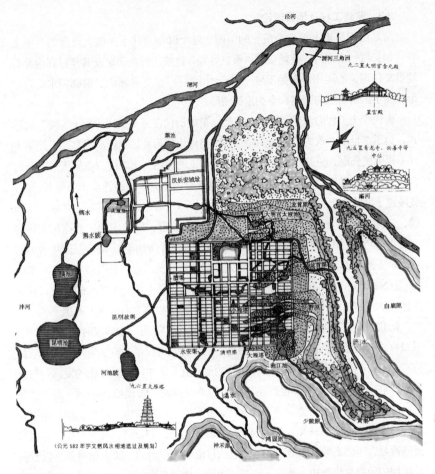

图1 隋唐长安六爻 （引自
《中国地景文化史纲图
说》佟裕哲绘）

横桥南渡，以法牵牛"。地上的宫殿与天上的星象遥相呼应，使得咸阳城具有磅
礴气势的同时也有些许神秘的色彩。可以看出，无论是城池还是建筑，秦人都开
始利用自然环境的特征，并将其与工程营建相结合。

隋代宇文恺规划营建大兴城（图1）。大兴城选址于龙首塬北部，既避免了选
址龙首塬之上城市供水难的问题，有使得城市有高低起伏变化，最重要的是，与
宇文恺的设计思想也相符。《元和郡县志》（唐代李吉甫）记载："隋宇文恺之
营隋都也，曰朱雀街。南北尽郭，有六条高坡，象乾卦六爻，故于九二置宫殿，
以当帝王之居；九三立百司，以应臣子之数；九五贵位，不欲常人之居，故置玄
都观及兴善寺，以镇其地。"宇文恺将地景与中国传统文化完美结合，既合理规
划城市的功能与布局又赋予城市地貌以人文特征。

2.3 营建工程及地景理论

秦是中国历史上第一个统一的帝国，这个时期营建了大量大尺度的帝王工程，如长城、秦直道、秦始皇陵、秦宫等等。这些工程在选址及营建过程中都有地景文化理论的运用。秦始皇陵"选于骊山之阿"，背靠骊山、前临渭水的自然形胜展示出秦帝国的强盛和秦始皇的威严。

唐代帝王工程的营建倡导节约。唐以前的历代帝王都采用"封土为陵"的形式，到了李世明，改为"因山为陵"——借助山势形胜，凿山洞为墓穴，此举不仅不再劳民伤财，更是地景文化在帝王工程上的运用。唐乾陵（武则天和李治的合葬墓）陵园是因借自然地景与因山为陵制的杰作。唐乾陵选址于今乾县梁山，乾陵建于北峰之上，主峰南侧的两座对称次峰（也称东、西乳峰）上各建一座阙楼，中间即为司马道。整个陵园南北轴线长4.9公里，气势宏伟，而这种宏伟的气势正是巧妙利用自然地形烘托出来的。除此之外，清东陵、明十三陵等著名的古代帝王陵墓都是借助自然地景，将人工与自然完美结合。英国科学史泰斗李约瑟（J·Needham）曾评价道："皇陵在中国建筑形制上是一个重大的成就，它整个图案的内容，也许就是整个建筑部分与风景艺术相结合的最伟大的例子。"

历代帝王工程除了皇陵之外，还有众多宫苑、寺庙。如秦汉时期的上林苑、甘泉宫、乐游原、西岳庙，隋代仙游宫、仁寿宫，唐代翠微宫、玉华宫、华清池宫苑、曲江芙蓉园等。这些工程以实例的形式展示了中国地景文化的发展。与此同时，在一些文学作品中也产生了相应的地景理论。唐代魏徵在《九成宫醴泉铭》中描写到："皇帝避暑乎九成之宫，此则随之仁寿宫也。冠山抗殿，绝壑为池，跨水架楹，分岩竦阙，高阁周建，长廊四起，栋宇胶葛，台榭参差，仰视则迢递百寻，下临则峥嵘千仞。"其中冠山抗殿、绝壑为池、跨水架楹都可以看做是早期的地景文化理论。柳宗元在其《永州韦使君新堂记》中描述了韦使君新堂的选址及建造过程："视其植，则清秀敷舒；视其蓄，则溶漾纡余。怪石森然，周于四隅。或列或跪，或立或仆，窍穴逶邃，堆阜突怒。乃作栋宇，以为观游。凡其物类，无不合形辅势，效伎于堂庑之下。外之连山高原，林麓之崖，间厕隐显。迤延野绿，远混天碧，咸会于谯门之内。"其中"合形辅势"充分体现了因借自然的营建思想。

3 当代西安地景文化遗存

作为一座千年古都，西安古迹众多，这些古迹在被作为文物保护的同时，其中所包含的地景文化也被保留了下来。

3.1 西安南郊与终南山

西安南郊自古以来都以其秀丽的风景和丰厚的人文而著名，它不仅是韦、杜两姓贵族世代聚集之地，还是文人学士游赏吟咏的个人别业集中区。同时，还有大量寺庙庄园，形成宗教活动的集中地。南郊并没有一个确定的地理范围，大致是城墙以南，终南山以北，沣水以东，浐水以西的区域。由于整体地势较高，河流纵横，不仅是观景佳处，也为造景提供了充足的水源，此外还具有适宜的小气候。

城南有少陵塬和神禾塬蜿蜒其间，中间夹着樊川，史称："长安城南有韦曲庄，京郊之形胜也。却依城阙，朱雀起而为门，斜枕冈峦，黑龙卧而周宅。"（晋代傅元《春游宴乐部韦曲庄序》）。正是因为处在这样一个"京郊形胜"之地，樊川不仅是著名的风景区，更有众多名士在此建有别业，如草堂寺、韩愈郊居、岑参杜陵别业等。唐长安时期的大兴善寺、大慈恩寺、大雁塔、乐游原、青龙寺都保留至今，曲江池和芙蓉苑也在遗址或遗址附近重新修建曲江遗址公园和大唐芙蓉园。直到今天，西安城南依然以浓厚的文化气息、宗教氛围和优美的自然环境成为西安城市景观中重要的组成部分。

3.2 华清宫与骊山

位于现西安市临潼区的华清宫始建于唐贞观十八年（公元644年），唐太宗赐名"汤泉宫"，天宝六年（公元747年）唐玄宗扩建并更名"华清宫"，后毁于安史之乱。民国时期"华清宫"只剩"华清池"部分，1995年西安市政府扩建华清池，在之后的几十年中，华清池不断扩建。

骊山的"泡汤文化"可以追溯到秦始皇时期的"骊山汤"，之后诸多朝代都在此修建行宫，直到唐太宗诏命阎立德以"治汤井为池，环山列宫室"顺应自然的地景理论营建了"汤泉宫"（后更名华清宫）。骊山温泉众多，因此华清宫是中国历史上为数不多的冬宫之一。骊山在西安小平原上有其自身的地貌优势。骊山是秦岭北侧的支脉，东西绵延起伏，最高处海拔仅有千余米，既没有华山的雄伟奇险，也没有终南山的深谷幽雅，她尺度亲切宜人，风景秀丽，加上温泉密布，骊山成为历代皇帝行宫的选址也就不足为奇。2000年西安建筑科技大学景观研究所进行的华清宫保护规划中（图2），运用中国地景文化理论为指导思想，提出山、宫、城一体保护的思想。尽管现在已经见不到当年"治汤井为池，环山列宫室"的盛景，但是依然希望能够体会到骊山的自然风景和华清宫的历史人文相互融合的地景文化。

3.3 西岳庙与华山

华山是中国五岳之一，古称西岳，是秦岭山脉的一部分。华山南接秦岭，北

图2　华清宫景区保护规划平面图（"山–宫–城"格局）

瞰黄河，形成"岳渎相望"之势。据著名学者章太炎（清末民初）考证，"中华"、"华夏"皆因华山而得名，华山是中华民族文化的发祥地之一。中国人自古以来都有一种对山水的崇拜，这是我们独有的自然与人文相结合的思想，《尚书》记载，华山是轩辕、黄帝会群仙之所，后来的秦始皇、汉武帝、武则天等数十位帝王都曾到过华山进行大规模的祭祀活动。由于华山险峻，难于攀登，所以祭祀活动都是在华山脚下的西岳庙举行。

西岳庙（图3）建于东汉桓帝延熹八年（公元165年），距离华山主峰约12公里，为了在庙里能有最佳的观赏华山的视线，西岳庙并不是正南正北布置，而是往东偏移了一些。从这里我们可以看出，古人的营建思想并不是一成不变的规范和模式。他们因地制宜，根据具体的情况在大规则下做出适宜的调整，以求达到最好的景观效果。

恰恰是西岳庙与华山之间的这十几公里使得人们对华山的崇拜多了一份敬畏之情。就像藏民对高山的崇拜一样，他们不远千里来到山下，不是为了勇攀高

50

峰，而是为了转山、膜拜——洗清罪孽或者为家人祈福。山已经不仅仅是一种地貌特征，它被赋予神的意义。西岳庙和华山就是这样一种关系，人们来到西岳庙，是为了望山、拜山、祈福。因此，它们之间的这条视觉轴线就显得格外重要，它是望山的视线通廊，如果这条通廊被破坏了，那么，华山和西岳庙之间这种微妙的关系也就没有了，庙只是庙，山也只是山。因此，华山和西岳庙的保护不仅仅是山和庙的保护，更重要的是它们之间的联系，也就是文化的保护。

4 启示与思考

4.1 中国地景文化中蕴含的人居环境思想

中国地景文化中所蕴含的人居环境思想在今天仍旧有研究意义和普世价值。吴良镛先生曾说："读万卷书，行万里路，拜万人师，谋万家居。"人居环境是当今社会的一个重要话题。中国地景文化中不仅包含了"形胜"这样的美学内涵，也有生态环境平衡的理念，更是人居环境科学的内涵。西安作为一座古城，保留下了众多历史遗存，研究这些遗存中地景文化对当代西安人居环境建设有重要意义。

地景文化体现的城市、建筑、景观的综合考虑正是今天所倡导的人居环境科学。地景文化中的人与自然和谐统一，城池聚落选址趋利避害，建设不超过自然环境的承载力等思想，也恰恰体现了可持续发展和生态保护的理念。

王树声在其博士论文《黄河晋陕沿岸历史城市人居环境营造研究》中提到中国古代城市是"人格空间"、"神格空间"、"礼格空间"的统一。他认为古代城市在满足安全、生存等功能之后，更高的追求是围绕人生存的意义和价值理想这个主题，是一种具有高度人文关怀的城市。而地景文化恰恰能够充当这种人文关怀的角色。

图3 西岳庙与华山间的视线通廊（引自《中国地景文化史纲图说》佟裕哲绘）

51

4.2 中国地景文化对于今天的古城保护和建设启示

因借自然地景环境的建筑群体、城池等人工工程的选址、布局和营建是古人对自然环境从认知、功用再到美学思想形成过程的体现。研究中国地景文化思想对今天的城市保护和建设有现实意义。其意义体现在三个方面："笼山水为苑"、"《易经》相地数理"和"君子与山水比德"。

4.2.1 "笼山水为苑"

"笼山水为苑"首先表现在相地选址和人工建筑的关系上。唐代阎立德营建终南翠微宫时，本着"才假林泉之势，因岩壑天成之妙，借方甸而为助，水态林姿，自然而成"。此乃"丹青之功"，地景与建筑一体，构水墨画境之意。这里所体现出来的因借自然的思想包含两层意义：首先相地选址时对山、水、林、甸等地景因素的界定，为人工建造布局做伏笔。关中八百里秦川，在广袤的平原地区起伏变化的地势自然珍贵，因而地貌条件所决定的方位和景象是相地选址的重要因素，是建筑群体依托的背景和骨架，树林往往与山势同构。而开阔的水体和草甸元素是展示地貌山势与人工建筑群体所必需的前景。"山水为苑"和"林甸为助"二者皆不可少。其次，建筑群体的分布、体量与地景要素的尺度比例关系。唐代柳宗元的"合形辅势"和明代计成的"精在体宜"都表达了这种思想。塑造景观应该利用自然地景，然后顺势施以人工成景，避免"强为造作"。

4.2.2 "《易经》相地数理"

以农业文明为代表，祈求风调雨顺的山岳崇拜成为中国传统文化的主要组成部分。《易经》相地学

图4 西岳庙与华山（引自《中国地景文化史纲图说》）

中以山形地气为重，从"山谷异性，平原一气……山乘秀气，平乘脊气"发展到"龙为地气"以龙喻山，山形气脉的论说，并将人工工程营建融入因山、因势、因阜、因岗选龙脉等人工与自然和谐的原则与理念。环境模式与山阜丘地的景观文化价值，在近现代的城市环境建设中，其空间范围和视觉景象，应给予完整而原真的保存和展示。

4.2.3 君子与山水比德的思想和境界

君子以利比德，孔子在《论语》中引导人们去领悟山水，并以山水隐喻人的仁、智。这种"山水比德"的思想赋予自然地景以更高层次的文化和精神内涵。这种文化可以称作是地景文化，它以地景为依托，表达了人们的某种精神情感或者文化意识。地景文化的形成代表某个时期的社会价值和公众意识，同样也可以用来表述个人意识。我们在今天的保护与建设过程中更应该关注地景文化的保护和传承，只有这样，我们的营建活动才是有意义并且可持续。

参考文献：

[1] 佟裕哲，刘晖.中国地景文化史纲图说.北京：中国建筑工业出版社，2013

[2] 李令福.古都西安城市布局及其地理基础.北京：人民出版社，2009

[3] 王树声.黄河晋陕沿岸历史城市人居环境营造研究.北京：中国建筑工业出版社，2009

城市风貌引导体系建构
——以克拉玛依市城市风貌规划为例

盛　临（同济大学）

1　引言

段德罡教授认为，"城市风貌是指城市在不同时期历史文化、自然特征和城市市民生活的长期影响下形成的无形的精神面貌特征和有形的实体环境属性"[1]。"风"与"貌"一个主外，一个主内；然貌由风生，风以貌显。"风"与"貌"是动态平衡着的一对辩证统一体。

套用系统论的观点，城市可以被看做"一个复杂、开放、层次性强的巨系统"。在历史长河绵延古今的华夏大地，城市之"风"以其历史文化风土人情的特异性质本该形成因城而异的独特面貌。然而事与愿违，在全球化浪潮的席卷下，在突击式发展的蛊惑下，中国城市千城一面、缺乏协调的问题依然严峻。在市民文化勃兴的当下，城市风貌作为一项公共福利，其特色的营造、价值的传承就显得愈发重要。

在我国，城市风貌规划尚未步入法定规划的行列。城市风貌规划协同控制性详细规划，"作为城市规划管理基本依据，引导城市品质提高，将风貌规划内容纳入各项控制性规划中，作为法定规划依据"是比较合适的。

2　风貌引导

风貌规划的核心是引导。纳入法定控制轨道只是风貌规划指导实施的方法和途径，引导城市品质提高，才是风貌规划的目的和宗旨。然而对于城市这一复杂系统，风貌引导作为一种规划思想和方法，自身也必须成一套体系。风貌引导体系作为一种规划方法体系具有以下特性：

2.1　开放性

风貌引导的开放性体现在两个方面：其一，是软性的引导而不是硬性的控制，指导下一层次的规划设计同时给予一定的空间施展拳脚；其二，风貌引导体系不是一成不变的，而是一个开放的体系，随时接纳新鲜血液，不断进行自我优化。

2.2 衔接性

风貌引导必须与风貌结构无缝衔接才能保证引导的效力不受影响，从总体、分区，到单元地块，需要对应不同深度的引导内容。风貌引导须与城市要素合理对接，场地、建筑、街具设施缺一不可。更重要的是，风貌引导不是面向普通市民的公众参与手段，而是交付建筑设计师、景观设计师、艺术家等下一层面规划设计人员的专业性引导体系，因此风貌引导作为一种规划方法，在向下衔接方面同样担负重任。

2.3 可操作性

鉴于风貌引导的软性特征，引导意图难以数量化，一般也没有整齐划一的标准可依，因此可操作性是风貌引导的难点，也是重点所在。

2.4 普适性与特殊性

风貌引导体系必须普遍适用才有大量推广的价值，才能提供一般的、广泛的规划方法作为规划参考。但这又不是绝对的，由于城市之间存在巨大的差异，所以风貌引导体系不应该也不可能作为一套应用系统直接套用。具体问题需要具体分析，不同的尺度、用地类型、风俗习惯，从城市、分区到地块的不同层面，风貌引导的内容、指标、标准也会因时因地而变。

3 风貌引导体系

风貌引导体系由分级引导、分项引导、色彩专项引导三部分内容组成。每一部分采取图片、表格、图表相互结合的引导方法，为指导下一步的规划设计提供感性结合理性的引导依据。

除色彩专项引导分列之外，分级引导和分项引导作为风貌引导的两种基本手段，应该是从一而终、相互耦合的。从一而终，指的是从总体、分区到地块的不同规划层次，二者都需要完整涉猎完成引导任务；因而在同一分区或是同一地块上，二者分别引导的内容和指标就需要协同耦合，互相弥补和强化，以促使风貌引导体系更加缜密周全茂。

4 克拉玛依市城市风貌规划的风貌引导体系

克拉玛依市城市风貌规划始于2008年，历时四年，于2012年8月最终完成。

克拉玛依作为"世界石油城"，规划范围为其城市建成区，包括城北区、城南区等七大分区，总面积608平方公里。其规划层次分为：分区、通道和重点风貌单元，分区范围同行政区划范围重合，以便管理，分区面积从15平方公里到200平方公里不等；通道即为城市主干路段；重点单元经商榷而定，共30个，面积从不到1公顷到200公顷不等。

其风貌引导体系分为：风貌分级引导、风貌分项引导和色彩专项引导，引导体系框架详见图1。

4.1 风貌分级引导

风貌分级引导采用以图表为主的形式进行引导，由定性分类和定量分级两部分组成。

4.1.1 定性分类

根据风貌表情理论将风貌定性分为6大类：热闹、生动、温馨、平和、静谧、严谨，程度呈递变关系。定性分类深入场所整合气质、街墙立面表情、街具设施

图1 克拉玛依市风貌引导体系框架

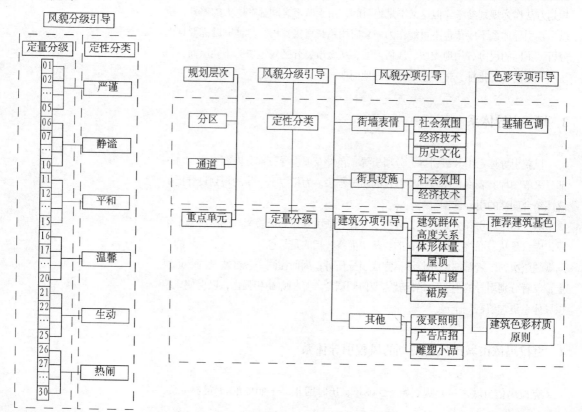

特征三个层次，以此同风貌分项引导进行交叉，又称城市风貌表情，引导的是人对于城市风貌的心理感受。作为风貌分级的第一层次，是定量分级的依据。如：克拉玛依市城北分区，风貌表情按其社会文化发展要求定性为温馨、平和。

4.1.2　定量分级

将每一大类再细分成5个级别，赋予数值。从"严谨"开始，即"严谨"为1~5，"静谧"为6~10，以此类推，"热闹"为26~30。赋值有利于进行量化分析便于数据处理。城北分区的定量分级故为：11~20。

4.1.3　定性分类与定量分级交互关联

根据不同的分区规模和城市尺度，定性分类与定量分级的跨度是不同的。克拉玛依市城市风貌规划在城市总体层面，不做定性和定量的细化引导；分区层面进行定性分类，即数值跨度在5~10个单位、定性类别在1~2个类别；重点单元进行定量分级，即数值跨度在1~2个单位，如城西分区休闲商业疗养区，风貌引导的定量分级为18~19，定性分类属"温馨"。

值得一提的是，在不同的规划层次，定性分类与定量分级不一定是包含与被包含的关系。毕竟，在温馨平和的大环境下，出现些许热闹生动的街具设施同样可以令人赏心悦目。如：城北分区的定量分级为：11~20，即定性分类为"温馨"、"平和"，但其中的胜利路准格尔路口作为重点单元，以其商业性、门户性等因素，定量分级引导为：25~26，即定性分类分属"生动"和"热闹"。

4.2　风貌分项引导

风貌分项引导采取不同项目之间组合引导的方式完成，以表格为主要的引导形式。

4.2.1　街墙表情

街墙表情指沿街立面（主要是建筑立面）对人产生的心理感受，在克拉玛依市城市风貌规划中，该分项出现在分区、通道、重点单元三个层次进行引导。街墙表情细成三个二级分项：社会氛围、经济技术、历史文化。

社会氛围即与风貌分级引导的交叉部分，内容精简为热闹生动、温馨平和、静谧严谨，为选择性二级分项；经济技术分项包括实用、理性、展示，同为选择性；历史文化分项包括传统、流行、未来，同为选择性二级分项。

如白碱滩分区，依其分区特性社会氛围引导为：温馨平和；经济技术引导为：实用；历史文化引导为：传统。又如城北分区内的友谊路通道，社会氛围引导为：温馨平和；经济技术引导为：理性；历史文化引导为：流行。很大程度上是听取了周边居民的意见。还如城东分区的CBD作为重点单元，社会氛围引导为：热闹生动；经济技术引导为：展示；历史文化引导为："未来"，这主要是由场所功能决定的。

4.2.2 建筑分项引导

此项只出现在重点单元层面，主要针对建筑、构筑物进行引导。克拉玛依市城市风貌规划中，该项分建筑群体高度关系、体形体量、屋顶、墙体与门窗、裙房等，视具体情况进行增减。其中，屋顶分坡屋顶、平屋顶两项，为选择性分项；其余皆为描述性项目，即通过语言描述在表格中出现，完成风貌引导。

如城南综合商务区，建筑群体高度关系引导为：多层建筑为主；体形体量引导为：通过体形组合化解公共建筑体量；屋顶引导为平屋顶；墙体与门窗引导为多层次墙体构造，结合生态技术的开窗方式。

该项的风貌引导很大程度上需要协同相应片区控制性详细规划的编制，互为依据共同完成。

4.2.3 街具设施

街具设施是指座椅、灯具、垃圾箱、电话亭等便利设施。在克拉玛依市城市风貌规划中，该分项出现在分区、通道、重点单元三个层次进行引导，通道根据其道路特征，街具设施分项可有可无。街具设施细分成三个二级分项：社会氛围、经济技术。社会氛围即与风貌分级引导的交叉部分；经济技术分质朴、实用流行、展示前卫三项，为选择性二级分项。

如九公里分区，依其分区特性，社会氛围引导为：热闹生动；经济技术引导为：展示前卫。又如城北分区的友谊路天山路口，作为重点单元，其社会氛围引导为：静谧严谨；经济技术引导为：实用流行。这与经过商洽所得的"创业情怀"的分区定位是密切相关的。

4.2.4 其他

其他还有夜景照明、广告店招、雕塑小品等分项内容，皆为描述性分项，只出现在重点单元层面。夜景照明、广告店招须满足相应的规划和规范要求，结合用地类型和使用功能，相互协同。

以重点单元友谊路天山路口为例，夜景照明引导为：公共建筑可采用点缀式泛光照明，突出建筑的精美造型。广场照明光色温馨、照度适中。广告店招引导为：办公、文化建筑及广场内禁设商业广告。店招设置应整齐划一、色彩与环境相协调。雕塑小品引导为：场地内可设置以回顾艰苦创业时期克拉玛依人乐观工作、生活的场景雕塑。

4.3 色彩专项引导

色彩引导是风貌引导中的重要组成部分，对整体城市风貌特色和风貌表情起到举足轻重的作用，因此将其单列开来，作为专项着重进行引导。色彩引导的方式以图表结合为主。克拉玛依市城市风貌规划以场所整合气质的基、辅色调（对应分区层面，依据明度渐变色相环进行方向性的引导）、推荐建筑基色（重点单元层面，根据《中国建筑色卡GSB 16-1517-2002》提供推荐色谱）以及"建筑色彩材质原则"列入表格（重点单元层面，进行描述性引导）三方面构成。通道层面由于其带状结构不进行过于苛刻的色彩引导。

值得一提的是，色彩引导同风貌引导的逻辑略有差异，分区内部的重点单元选取的推荐建筑基色必须符合分区基色调的引导要求。这也是色彩引导作为专项单列的又一原因所在。

4.3.1 基色调

基色调的概念套用自建筑基色的概念。建筑基色指：占建筑外墙立面面积80%以上的用色，基色调指取所有主景视角总和的场所图面色彩中，面积占80%以上的还原用色。如城南分区依其分区特性，基色调涵盖：淡色调、淡灰色调、灰色调、浊色调、暗色调。

4.3.2 辅色调

辅色调的概念套用自建筑辅色的概念。建筑辅色是指：占建筑外墙立面面积20%以下的用色，辅色调指取所有主景视角总和的场所图面色彩中，面积占20%以下的还原用色。如城南分区，辅色调涵盖：淡色调、淡灰色调、灰色调、暗灰色调、轻柔色调、浊色调、暗色调。

4.3.3 推荐建筑基色

例如：根据《中国建筑色卡GSB 16-1517-2002》，城南分区的城南综合商务区依据单元地块特性，推荐建筑基色为1002、0113、0814、1084。

4.3.4 建筑色彩材质原则

以城南综合商务区为例，建筑色彩材质原则引导内容是：结合绿色建筑技术，以中高明度暖灰为主。

4.4 风貌引导图

无论图还是表格文字，都没有图片来的直观。通过结合风貌引导图的直观引导，便于强化风貌引导的可操作性。

图片的来源有二：其一，通过网络搜集，将成果对市民公开征集评分意见和建议，以此为依据进行筛选确定；其二，通过社会调查，征集当地市民喜闻乐见的场所、建筑群或是建筑单体甚至是街具设施，拍摄专业图片美化后直接进入引导体系。

风貌引导图的设置意图是，设计师的设计作品必须符合图示的设计意向。

风貌引导图按层次类型分为：建筑引导图、自然风貌引导图和街具引导图。

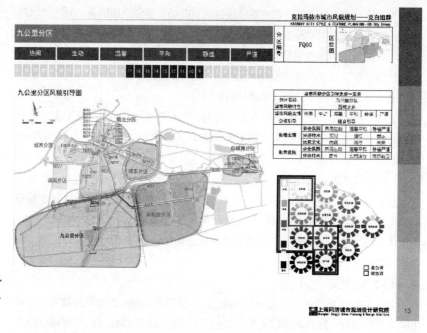

图2　克拉玛依市城市风貌规
　　　划分区图则——九公里
　　　分区

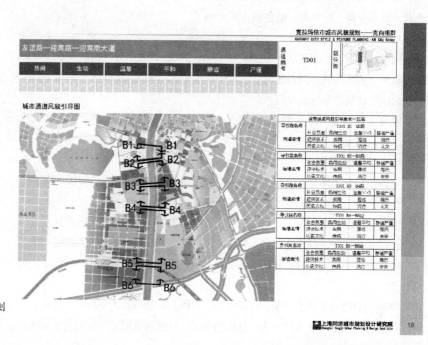

图3　克拉玛依市城市风貌规
　　　划通道图则——友谊路段

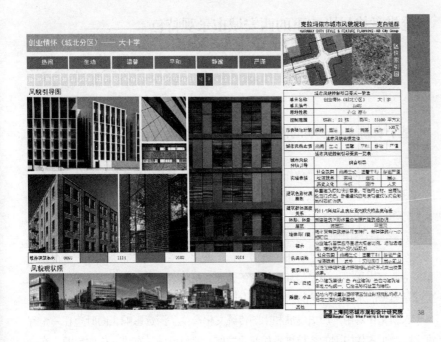

图4 克拉玛依市城市风貌规划重点单元图则——大十字

5 小结

风貌引导体系虽然是一个新的提法，但是体系本身早已完整存在，引导体系的规划理念和方法也已经在实践中得到了检验。

参考文献：

[1] 吴伟, 代琦. 城市形象定位与城市风貌分类研究[J]. 上海城市规划, 2009(1): 16-19

[2] 段德罡, 刘瑾. 貌由风生——以宝鸡城市风貌体系构建为例[J]. 规划师, 2012, 28(1): 100-105

[3] 杨华文, 蔡晓丰. 城市风貌的系统构成与规划内容[J]. 城市规划学刊, 2006(2): 59-62

[4] 张继刚. 城市景观风貌的研究对象、体系结构与方法浅谈——兼谈城市风貌特色[J]. 规划师, 2007, 23(8): 14-18

[5] 蔡晓丰. 城市风貌解析与控制[D]. 上海同济大学博士学位论文, 2005

[6] 余柏椿, 周燕. 论城市风貌规划的角色与方向[J]. 规划师, 2009, (12): 22-25

[7] 疏良仁, 肖建飞, 郭建强, 朱娟. 城市风貌规划编制内容与方法的探索[J]. 城市发展研究, 2008(2): 15-19

传统棋盘格局影响下的西安城市景观特色

刘 波 刘 晖 （西安建筑科技大学）

1 基于农耕文化影响的西安城市选址特征

古都西安的选址既是依托优越的地理自然条件又是农耕文化影响的结果。

西安市位于渭河流域中部的关中盆地，南依秦岭北麓，北临渭河和黄土台塬山地，东以零河和灞源山地为界，西以太白山地及青化黄土台塬为界，巍峨峻峭、群峰竞秀的秦岭山地与坦荡舒展、平畴沃野的渭河平原界线分明，长安六岗、台塬及东南秦岭山脉构成西安市的地貌主体。西安受季风气候和大陆性气候的影响都较为明显，属暖温带半湿润季风气候，西安虽然自古有"八水绕长安"之美称但却是典型的水资源缺乏的西部城市。其中绝大多数属黄河流域的渭河水系。

农耕文化对中国历史发展和中国传统文化产生了深远影响，同时也在一定程度上限制了古代中国的科技进步和商业发展。黄河流域是农耕文化的起源，在这里发现的远古文化中农业是其主要内涵，自新石器时期开始，华夏民族成为从事农业并定居的民族，在高台上建立起邑居、筑城、作邦建立家园。随着农业的发展，农耕文化对国家采取的土地分配制度以及农神崇拜统治思想都产生了重要的影响[2]。以农耕文化为基础的周文化是走向人性化、理想化、伦理道德化、礼乐化的文化[3]。吴庆洲先生在《中国古代哲学与古城规划》一文中提出影响中国古代城市规划的思想体系主要有三个，即以《周礼·考工记·匠人》营国制度为代表的体现礼制的思想体系；以《管子》为代表的重环境、求实用的思想体系；追求天地人和谐一的中国古代哲学思想体系。由此我们可以看出，中国传统文化是以农耕文化为基础的，这种农耕文化融入中国古代哲学中对古代的规划思想产生了深远的影响。

中国历史前半期总是定都西安是由其所在的关中平原在中国的宏观地理形势所决定的，而周、秦、汉唐四大城址具体位置的转移除了各代特殊的社会政治条件外，主要是由西安小平原在关中的位置及其本身特殊的自然地貌所决定。关中地区和黄土高原地区的自然条件是很优越的，都城的选址及发展与自然环境相互影响：优越的自然条件和生态环境是都城选址于此的重要因素；反过来，社会发展、人口增多也使得该地区自然和生态遭到严重破坏，使得西安的城市发展由盛而衰。

2 依托自然条件的城市防御功能

公元前11世纪，周文王姬昌灭崇国，建丰京，又命其子姬发在丰邑之东建镐京。公元前1064年，周武王建立西周王朝，丰、镐二京遂成为国都。丰、镐二京实为一体，是西周都城的两个不同分区。丰镐作为西周王朝的都城，是西安地区第一次出现的全国性政权的都城，开创了西安城作为帝王京师历经千年、雄踞华夏的辉煌历史，西安也因此成为中国古代政治、经济、文化的中心。直到公元前770年周平王迁都洛阳之前，这座京城一直被全国各地诸侯奉为"宗周"。这个时期的城市建设构想和理论一直影响了中国封建社会的城市建设。至公元前221年，秦朝建都咸阳。咸阳是我国历史上第一个统一的封建帝国都城。

公元前202年，刘邦建立西汉王朝，建立汉都长安，位于今西安城西北8公里处龙首塬上，自公元前202年至公元8年王莽代汉24年，长安城历都227年，在汉武帝时期发展到极盛。汉长安城的总体规划体现了对《周礼·考工记》中关于古代都城建制特点的尊重。但汉长安城在西汉王朝始终是作为政治中心而存在的，王朝的经济、文化以及人口的繁荣主要体现在周围所设立的一系列"卫星城"的陵邑上。东汉迁都洛阳，但对长安依然相当重视，称为西京或西都。前秦、西魏、北周也都曾定都长安。中国历史上的这个时期国家动荡，政权不断更迭，有多个朝代定都长安。

公元581年，杨坚在长安建立了隋王朝，宇文恺利用龙首塬以南六条岗阜，附会乾卦六爻，建大兴城。大兴城规模宏大，是当时世界上最大的都城之一。公元618年，李渊建唐王朝，改大兴为长安，其总体规划基本保留了宇文恺设计的总体格局。公元652年，对长安进行大规模休整。自唐以后，长安城开始从繁荣走向沉静[5]。

明代是西安在唐以后一个重要的发展时期，明洪武二年改奉元路为西安府，这是今西安名称首次在历史上出现。洪武三年，秦王驻西安并对城市进行增修。明代城墙历时4年完工（1374—1378），保存至今。清代200多年中，西安是陕西省省会和西安府治的所在地，城市规模基本沿袭明代西安城，并不断对西安城进行修葺，使之比明代更加坚固宏伟。到民国时期，西安城的建设较少，基本保留明清以来的格局。1927年，陕西省政府从北院门移至王城（当时名红城），同时改名新城。从此，新城成为西安的行政中心，新城区的东半部在1934年陇海铁路通车后，逐渐发展成为新的工业区。民国时期的西安城虽然丧失了国都的地位，但却因军事要塞的地理环境，在不同时期受到不同程度的重视，也使得西安经历了无数战乱之后，能够有时间休养生息，恢复生机。

1949年5月20日西安解放。新中国成立后，西安曾是中央西北局和西北行政委员会所在地，中央人民政府的直辖市，1954年改为省辖市。《西安市城市总体规划(1953—1972)》所确定的城市性质为：以轻型精密机械制造和纺织为主的工业城市。规划末期城市规模为：中心市区面积为131平方公里，人口达到120万。规划初步确定了西安的城市功能分区：中心为商贸居住区，南部为文教区，北部为大遗址保护区、仓储区，东部为纺织城，西部为电工城。《西安市城市总体规划(1980—2000)》是在文化大革命结束和改革开放以后编制的，在这轮总体规划中所确定的城市性质为：西安将建设成为一座保持古城风貌，以轻纺、机械工业为主，科学、文教、旅游事业发达的社会主义现代化城市。规划末期城市规模为：中心市区面积为162平方公里，人口为180万。在这次总体规划指导下，西安先后实施了西安航空港迁建，陇海铁路电气化改造，火车站建设，西临、西宝、西铜高速公路及一批城市市政公共设施建设等项目。此外，这次总体规划明确提出了保护历史文化名城的要求，确定了"显示唐长安城的宏大规模，保持明清西安的严整格局，保护周、秦、汉、唐重大遗址"的古城保护原则。

军事防御是中国古代城市的重要功能之一。由吴庆洲主持的"中国古城军事防御体系研究"项目研究中国古代城池、长城等防御工程设施以及研究具有军事防御功用的古堡、堡寨的选址、规划、布局、建设与相关的工程技术及文化内涵。研究提出中国古城军事防御体系有两个特点：城池是军事防御与防洪工程的统一体，古城水系是多功能的统一体。秦汉和隋唐都关中，均属形胜和周围有险可守之地。此外还总结了中国古城利于防御的选址艺术、规划艺术和建筑艺术。①利于防御的选址艺术：位于交通要冲、咽喉要道之上；立城于山川湖海环卫之地；选址于有险可依之地；城址所在，须有水源；尽量避免洪水等自然灾害。②利于防御的城池规划艺术：顺应地形地势，据险筑城；将宫室、衙署等重要部分置于城中高处，利于瞰控和防御；规划好城池外围的防线。③利于防御的城池建筑艺术：人工设险，构筑高城深池；加强城墙防御的措施；加强城隅防御的措施；加强城门防御的措施；在城上起高台成为全城制高点；台州古城，东面无险可恃，于是挖东湖以水为险阻。

对于古长安城来说，由于面积过大而使得城墙、城郭的防御能力下降，不能满足应有的防御功能。而现今遗存的明城墙遗址因其保护得较为完整而成为当今西安城市发展的重要空间格局，虽然未能延续其以防御为主的功能，却使得这座古代都城拥有了特殊的魅力。

64

3 棋盘格局影响下的西安城市景观特色

3.1 古代棋盘格局与城市规划思想

汉长安城在中国古代都城史上具有重要的地位，其布局上所表现的崇"方"思想、"择中"观念、规整的城门配置制度，棋道式道路网"面朝后市"和"左祖右社"的格局等方面在中国古代都市城史布局中有着典型意义。

棋盘格局是中国古代城市的一个重要特征。方形城制的来源最早应该是起源于"井田制度"的，"井田制"是中国古代的一种土地制度，这种制度不仅规定了土地的占有方式和生产方式，还规定了人们的居住方式。人们在井田这种有规律的方格网的天地中劳动生活，久而久之，会抽象出对象的一些特征(如居中、对称、尊严)，并且产生逻辑思维和心理定势，从而演化成我国古代方形城制。井田制不单单是一种城市的形态，更是古代封建社会一切制度的物质基础。中国古代虽然没有系统的城市规划理论和专门的论著，但政治统治制度很完善，有一套规划建设的制度。风水、阴阳五行等概念也逐渐系统化，两者结合起来也形成一些城市规划的思想，对城市布局有很大影响。这些传统的规划制度及规划思想，有一些是封建、迷信的，但更多的是城市规划建设经验总结，是优秀的规划手法的汇总。中国古代城市的规划思想及布局艺术（例如城市轴线、对称布局、"天人感应"等等），均是反映古代高度文化及与唯物主义自然观有密切关系的建筑空间艺术的思想。虽然其中有些是代表统治阶级的意图，但多数是城市发展中客观规律与经验的总结与积累。

在城市格局的研究中，王树声教授以西安历代城市设计与终南山的关系为例分析了古代城市在处理城市与大尺度自然环境关系的具体手法（图1），提出通过建立城市重点建筑、城市结构与大尺度自然环境的特殊形态之间的有机联系,实现人工空间与大尺度自然环境的有机融合，是中国古代城市设计处理与大尺度山水关系的基本手法的观点。佟裕哲教授系统地研究了唐长安园林建筑文化的历史背景和发展的外部条件，并分析

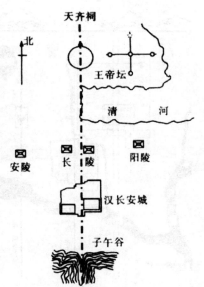

图1 汉长城与周边地形、地貌关系图

了唐代园林的主要设计手法和理论。唐长安城是园林系统最完整的城市，可概括为一带、二阜、三苑、四池、五渠、六岗、七寺、八水的系统。隋唐长安城规模与形态控制的规划设计方法主要体现在三个方面：①以太极宫为都城规划的基本模数控制单位；②以系列等边三角形控制都城规划的内在结构；③模数控制与等边三角形控制的有机融合。隋唐长安城规划在城市规模控制和形态控制上具有一套较为系统的理论和方法（图2），其规划应有一套完整的预先设计好的规划宏图，这个宏图是古代规划大匠在对新都地形的高度认知和对基址现状深入分析的基础上，根据前代规划经验和当时社会背景，发挥自己的"巧思"而进行的全新创造，开创了中国古代都城规划设计的全新格局，在中国古代都城规划史上具有里程碑意义。

中国传统的城市规划思想与中国传统文化、哲学思想都有着密不可分的关系，研究中国的传统城市必须以中国传统文化为基础。此外，中国古城的选址及布局思想中也有许多古人的大智慧，这些大智慧在今天仍旧值得我们思考和学习。

3.2 西安城市景观特色

2008年5月6日，国务院正式批复了《西安城市总体规划（2004—2020年）》（国函〔2008〕44号）。本次规划中将西安定位为世界著名古都，历史文化名城，国家高教、科研、国防科技工业基地，中国西部重要的中心城市。计划保持明城严整格局，复兴皇城帝都气象；显示唐城宏大规模，彰显内外名胜古迹；保护四大历史遗址，恢复八水生态环境；重新审视西安丝绸之路起点城市的世界价值，提升丝绸之路起点形象。本规划结合西安城市历史文脉和传统布局特色，确定了"九宫格局，棋盘路网，轴线突出，一城多心"的城市空间布局（图2）。未来西安城市将按照九宫格局、虚实相当的总体结构，形成几个外围副中心，即在西南方向形成以户县为主的副中心；在东北方向形成以新筑、临潼为主的副中心；在北部方向形成以阎良为主的副中心；在渭北方向形成以高陵（跨过渭河）、泾河工业区为主的副中心；在东南

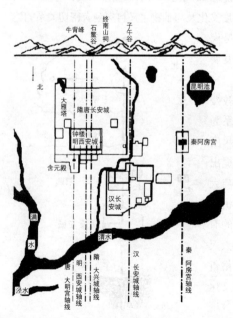

图2　历代长安城与周边地形、
　　　地貌关系示意图

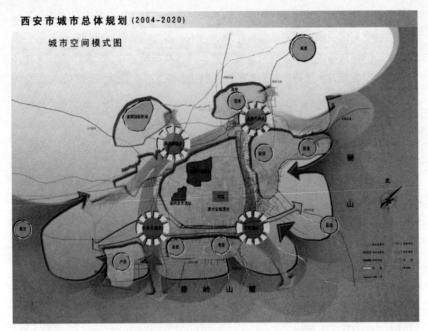

西安市城市总体规划 (2004-2020)

城市空间模式图

图3 西安市城市总体规划
（2004—2020）空间模
式分析图

部形成以蓝田为主的副中心；在南部方向形成以长安为主的副中心。在市域范围内，形成主城区、中心城镇、镇三级城镇体系结构。本轮规划中将主城区范围确定为：以唐长安城为中心，以绕城高速为基本轮廓，东至灞河，西到绕城高速路，南至长安（潏河），北到渭河。结合城池遗址、陵、塬、水系，确定城市的生态、环境、景观保护区，将主城区城市空间布局确定为：中心为唐长安城，发展成商贸旅游服务区；东部发展成国防军工产业区；东南部结合曲江新城和杜陵保护区，发展成旅游生态度假区；南部为文教科研区；西南部拓展成高新技术产业区；西部发展成居住和无污染产业的综合新区；西北部为汉城遗址保护区；北部形成装备制造业区；东北结合浐灞河道整治，建设成高尚居住、旅游生态区；它们共同组成了主城区内的小九宫格局（图3）。本轮规划中对外交通要建成面向国际的中国西部航空枢纽，国内重要的公路、铁路交通枢纽，西部最大的物流中心。构筑以航空、铁路、高速公路为骨架的综合交通运输网络，确立辐射全国的快速、便捷的客货运交通枢纽地位。主城区内部交通要建立以轨道交通、普通公共交通为主，多种交通方式相结合的城市综合交通系统。完善主城区道路系统，形成"一高、一绕、两轴、三环、六纵、七横、八射线加旅游环线"的道路网格局。

通过本轮总体规划之后基本确定了当前的西安城市特色，主要表现在以下六个方面：一是"九宫格局，棋盘路网，轴线突出，一城多心"的城市空间特色；

二是历史文化遗产保护和现代化建设有机结合的历史特色；三是秦风唐韵，具有包容精神的文化特色；四是宏伟、严整、博大、古朴的建筑风格特色；五是"山水城市"的生态特色；六是高新技术产业、现代装备制造业、旅游产业、文化产业、现代服务业五大优势产业构成的产业特色。这其中，尤为突出的是它的空间特色和蕴藏的文化特色。

4 结语

当今西安城市的景观特色可以归纳总结为以下几点：①西安城市道路网以"棋盘路网"格局为特色，市区道路网传承唐长安方格网、棋盘式格局，外围功能区的路网也呈棋盘状布局，体现西安"经纬龙骨、汉唐精神"的地域文化。②西安城市空间布局总体上具有西安地域文化特色的"九宫"城市格局。市域范围内的大九宫格局和主城区范围内的小九宫格局相结合，这种城市空间结构不仅传承了传统文化，还将为进一步的城市建设提供发展空间。③西安城市空间的发展继续延续历史遗留轴线并突出轴线景观，"表南山以为阙"，南眺终南山，北望渭水，成为城市主轴线。

参考文献：

[1] 和红星. 西安城市设计研究 [M]. 西安市规划局, 2004

[2] 李玉洁. 黄河流域农耕文化论述 [J]. 黄河文明与可持续发展, 2008.01

[3] 刘多，刘芳. 炎帝与民族复兴 [M]. P140

[4] 朱士光，周宏岐. 古都西安——西安的历史变迁与发展 [M]. 西安：西安出版社, 2003

[5] 龙小凤. 西安历次城市总体规划理念的转变与启示 [J]. 规划师, 2010.12

[6] 吴隽宇. 井田制与中国古代方形城制 [J]. 古建园林技术, 2004.03

[7] 董鉴泓. 中国古代城市的规划布局艺术与规划思想 [J]. 时代建筑, 1986.02

[8] 王树声. 结合大尺度自然环境的城市设计方法初探——以西安历代城市设计与终南山的关系为例 [J]. 西安科技大学学报, 2009.05

[9] 佟裕哲. 唐长安园林建筑文化的发展及特征——西部园林建筑研究之一 [J]. 长安大学学报(建筑与环境科学版), 1990.Z2

[10] 王树声. 隋唐长安城规划手法探析 [J]. 城市规划, 2009.06

[11] 佟裕哲，刘晖. 中国地景文化史纲图说 [M]. 北京：中国建筑工业出版社, 2013.04

[12] 李令福. 古都西安城市布局及其地理基础 [M]. 北京：人民出版社, 2009.01

[13] 王树声. 黄河晋陕沿岸历史城市人居环境营造研究 [M]. 北京：中国建筑工业出版社, 2009.09

中国城市营造空间风貌特色中市场失灵的经济学分析

周广坤（同济大学）

1 背景介绍

近 30 年的开发建设在经济利益的驱使下，造成了"千城一面"、"一城千面"的现实状况。在这种背景下，城市的空间风貌特色问题成为了今天城市建设发展的核心问题之一。从经济学的角度来说，人们日常的户外生活使得城市的空间风貌具备使用价值，而营造空间风貌特色需要消耗劳动，这使得它有了价值，其价值若以货币形式表现主要是保护费、研究费、管理费、赔偿费等等。具备了使用价值和价值就具备了商品的属性，就属于商品，就可以在社会主义市场经济的模式下进行配置。然而从其效果来说，市场这一看不见的"手"并没有起到明显的效果。以城市经济学的视角分析和研究中国城市营造空间风貌特色时市场失灵的原因，这对管理和控制现今城市空间风貌特色失调的问题具有重要意义。

2 以经济学的视角分析研究中国城市空间风貌特色问题中市场失灵的意义

中国城市空间风貌特色问题是一个综合的问题，涉及政治、经济、社会等诸多方面，近 30 年的实践证明，以往的管控空间风貌的制度并没有给人们带来预期的惊喜，中国大多城市仍然面临着城市空间风貌特色消失的困境。由于经济基础决定上层建筑，上层建筑反作用于经济基础，合理的制度措施可以降低交易费用，提高经济效益，所以人类就在反复筛选和比较中，最终确立制度的合理运行机制。

城市的空间风貌特色虽属于商品的范畴，但又与一般的商品不同，具有显著的"外部性"特征。空间不同于一般的资源，这是由于空间风貌与周边环境的相互依存，具有外部性和社会性，所涉及的权利和义务关系、成本和收益情况比较复杂。但是，按照现行的城市规划体系，空间的权属基本上等同于土地的权属，人们很少会考虑空间独立的"物权"特征，这意味着土地所有权限定的空间所有权与空间使用权是基本等同的，土地所有者拥有对空间的绝对支配权。这就导致了空间风貌的"外部不经济"的产生。

"外部不经济论"起源于英国经济学家马歇尔的"内部经济"和"外部经济"的理论以及庇古《卫生经济学》中的"外部性"概念。当一个人或一些人没有全部承担他的行动引起的成本或效益时，反过来说，有人承担了他人行动引起的成本或效益时，就存在着外部性。在此，我们要关注他人承担成本的问题，即负外部性。即在经济利益的激励下，各开发商只顾自己地块内的建设效果，从而空间的使用者承担了城市特色消失、城市文脉割裂的成本。而市场失灵的核心就是空间风貌的外部不经济性，从而最终阻碍"帕累托效率"的实现，这也正是我们对其进行经济学分析的目的及意义所在。

3 市场机制能否解决城市空间风貌特色问题中的"外部不经济"

最早提出"社会成本"问题的罗纳德·H·科斯认为：在一个零交易成本世界里，不论如何选择法规、配置资源，只要产权界定清楚，通过协商交易，总会产生高效率的结果。而在现实交易成本存在的情况下，能使交易成本影响最小化的制度是最适当的制度。根据科斯定理知道，只要明确产权界限和在零交易成本的机制下，我们可以消除空间风貌的"外部不经济"。那么，空间风貌的产权是否可以明确呢？完全明确产权是做不到的，理由如下：

（1）空间风貌究竟在哪些问题上需要明确产权。人们的认识有一个逐步深化的过程。改革开放以后，随着人们生活水平的提升，使得人们开始关注快速的建设带来的城市空间风貌特色问题，诸如建筑群的色彩、材质、风格应如何协调等等。

（2）空间风貌的产权无法完全明确。有效的产权结构必须具有排他性，这就是说，拥有或使用某一产权的全部后果(无论是受益还是成本)都由产权所有人承担，其他人不可能分享，但空间风貌不可能做到排他性。例如，建筑群的天际线的塑造，不可能由一个开发商全部承担，但是其结果却是其他人共同分享。

（3）人们是否愿意明确产权，在很大程度上取决于交易成本的大小。在经济学中，交易泛指人与人之间建立经济关系的各种活动。交易成本泛指除生产成本以外的经济制度运行成本。明确产权以及随之而来的经济运行方面的相应调整，一方面，减少了交易过程中因为产权不明确、预期不合理而导致的过高的交易成本；另一方面，又增加了因强制执行和监督实行明确的产权而带来的交易成本。假定前者高于后者，经济当事人就希望明确产权；而当后者高于前者时，当事人就宁愿忍受产权不明带来的损失。

由此我们可以看出在产权不明的情况下，有关各方都认为自己有权做对自己有利的事，因而不肯为自认为不属于对方的财产损失支付补偿。确定其产权需要付出高交易成本和研究成本，例如，如何确定好的城市天际线，如何为城市片区确定合适的色彩等等。在城市空间风貌特色问题中，其相应的产权不明确导致了旷日持久的争端和资源配置的低效率。

4 城市空间风貌特色问题中市场失灵的其他原因

市场失灵是指资源分配的均衡不是帕累托最优。换言之，市场分配是无效的。其形成的原因除上述情况外还有许多，诸如公共产品与免费搭乘、垄断以及外部性。

4.1 公共产品与免费搭乘

市场失灵往往产生于产品非私有的情形。在此条件下，每一个人都希望他人来支付公共产品消费的成本。这就是"免费搭乘"问题。

4.2 外部性

由于外部性的存在，故市场价格不能对产品的生产成本产生影响。科斯定理利用谈判而使外部性内生化，因此，市场价值将被精确地反映。而空间风貌难以找到精确的市场价值，其原因在于它需要与市场价值相关的大量琐碎的流程以及完全的信息与知识。

5 小结

综上所述，城市空间风貌特色问题中产权不可明确性是市场失灵的根本原因所在，然而明确空间风貌的产权需要花费很高的研究成本和交易成本。因此，如果在城市空间风貌特色问题上没有出现科斯定理所预计的谈判，那是因为不谈判是不拥有相应产权、因而必须支付高额交易成本的谈判一方的最佳选择。换句话说，空间风貌维持现状，同样意味着产权明确、并考虑到交易成本条件下的最优选择。在这种情况下，旷日持久的环境资源问题难以得到根本解决，市场这一机制并没有伸出那双"看不见的手"。因此，政府部门需要更加积极的努力，寻找更为合理的机制。

参考文献：

[1] 董慰. 城市设计框架及其模型研究. 哈尔滨：哈尔滨工业大学，2009

[2] 宫本宪一. 环境经济学. 上海：生活·读书·新知三联书店，2004

[3] 左正强. 我国环境资源产权制度构建研究. 成都：西南财经大学，2009

[4] 王士兰，吴德刚. 城市设计对城市经济、文化复兴的作用. 城市规划，2004, (7):54-58

[5] 黄少安. 产权经济导论. 北京：经济科学出版社，2004

"城市风貌与专项规划"篇

城市节事的风貌魅力

赵钟鑫　李敏泉

(雅克设计有限公司)

随着全球化的发展，世界经济和科技的进步加速了世界城市化的进程。21世纪以来，国家、地区之间的竞争将突出表现为城市与城市之间的竞争。如何增强城市的魅力，提升城市的核心竞争力，已成为城市管理者和规划者责无旁贷的任务。城市节事作为影响城市魅力的重要选项之一，越来越受到人们的关注。城市节事已成为树立城市品牌的重要手段，是城市对外宣传、提高知名度和凝聚力、提升城市文化、加快经济发展的有效手段之一。

1 城市与城市节事的关系

城市节事是指城市举办的一系列活动或事件，既有人为组织的节庆活动，也有预期之外的偶然事件。它是城市不可或缺的组成部分，具有非日常的特征，有"事件、活动、节庆"等多方面的含义：有侧重于传统文化、艺术、宗教祭祀，如印度大壶节反映了印度人的宗教祭祀风貌（图1），墨西哥城成人礼（图2）则是节日庆典的体现等；也有侧重于现代交流的会展业、对城市具有较大影响力的事件，如重大赛事、专业博览会、地方特色的产品展览和交易会，如布鲁塞尔的鲜花地毯节（图3）等；有世界性的和国家层面的，如世博会、奥运会、博鳌亚洲论坛（图4）等，也有地区性和城市层面上的，如哈尔滨冰雪节（图5），海口热气球节（图6），黎、苗三月三（图7），青岛啤酒节（图8），大连国际服装节（图9）等。而无论哪种节事，都是以城市本身的资源为"基质"而形成的文化景观"斑块"，通过"节事"与周围环境的异质对比，形成"斑块"和周围环境"流"的互动，最终实现跨区域的文化交流，推动城市经济、旅游的发展，促进城市知名度的传播，调整和塑造城市空间结构，提升周边人们的生活质量。随着节事对城市发展和市民生活的影响越来越大，如何积极引导和控制城市节事对城市产生的多重效应，如何有效利用城市节事进行城市风貌魅力的传播等，已成为城市规划者和管理者较为关注的重要课题。

图1	图2
图3	图4
图5	图6

图7	图8	图9

图1 反映宗教祭祀风貌的印度大壶节

图2 体现地域文化的墨西哥城成人礼

图3 有地方特色的产品展览——布鲁塞尔鲜花地毯节

图4 国家层面的会议——博鳌亚洲论坛

图5 体现节庆风貌的哈尔滨冰雪节

图6 激活节日场景风貌的海口热气球节

图7 "黎、苗三月三"节日庆

图8 青岛啤酒节标

图9 渲染节日主题风貌的大连国际服装节

2 城市节事的效应分析

2.1 城市旅游效应分析

城市节事的举办对当地旅游业的影响表现为正负两种效应，即机遇与挑战并存。节事举办前涉及一些大规模的基础建设和投资开发，会为举办地的旅游产品开发与产品组合带来新的元素，丰富其旅游产品谱系。同时节事活动的较强参与性，能满足旅游者追求参与、体验旅游活动的需求，促成旅游者出游的动机，带动城市旅游经济指标的持续增长。因举办大型节事活动所修建的场馆往往也会成为城市的新地标，成为城市旅游吸引物的一部分，如2008年北京奥运会的主场馆鸟巢（图10）和水立方（图11），已成为人们到京一游的主要目的地之一。

　　节事尤其是大型节事本身作为一种旅游吸引物，由于举办时间相对集中，对于城市基础设施和旅游服务设施有较高的要求，不受传统的旅游淡旺季的影响，因此能平衡城市旅游淡旺季的客流量，可以较大提升城市旅游的接待能力和服务质量。如北京为了迎接奥运会的到来，重点建设了142个城市基础设施项目，包括兴建体育设施、完善通讯系统建设、扩建机场、建设高速公路，以及各景区无障碍旅游设施的完善。同时招募了598户普通北京百姓人家为"奥运人家"（图12），负责奥运会期间部分境外旅游者的住宿和游乐，以减缓酒店住宿的压力，对旅游行业20万员工进行了奥林匹克基本知识、礼仪礼貌及外语等方面的培训；临时设置56个奥运城市信息亭和启动北京旅游信息服务呼叫热线12301，为旅游者提供全天候信息咨询服务，大大提升了城市的旅游接待能力和旅游服务质量。1992年的巴塞罗那奥运会，当地政府借奥运会的契机，进行城市环境改造和场馆（图13）利用方面的规划，使得巴塞罗那从一个肮脏的工业区成为了一个度假旅游胜地。奥运会后，每年有20%的收入来自旅游业。但是由于节事活动的举办，在一定程度上增加了游客的旅游成本，部分游客不愿意顺应人流高峰而出行；或由于节事活动的举办导致原来的一些固定旅游路线更改或停歇，也可能导致部分游

| 图10 | 图11 |
| 图12 | 图13 |

图10　北京奥运会后的鸟巢旅游点

图11　游客参观北京奥运会场馆——水立方

图12　北京奥运会萌生的游客接待点——奥运人家

图13　结合城市环境改造的巴塞罗那奥林匹克体育场

客的流失。因此，节事活动给城市带来的旅游效应，应客观辩证地进行分析。

2.2 城市形象效应分析

城市节事是在特定的时期，相对集中地将城市各项作用呈现在人们面前，汇集了城市物质、精神、社会等层面的元素，是展示与传播城市形象的极好平台。节事能够集中展示城市风貌、多层次传播城市信息，参与城市形象的标识，无论是体育盛会、国际会议，还是特色节庆，都对宣传和传播城市形象发挥着重要的作用。因此人们在潜意识里会对"节事"与"城市"之间形成一种认知转换，如2008年奥运会和北京，2010年世博会和上海等。节事强大的号召力可以在短期内使得活动发生地的口碑获得"爆发性"的提升。由于节事期间，举办城市能吸引到较高的媒体覆盖率，对城市主题形象起到重要的宣传效果，集中的媒体聚焦，使得短期内城市形象得以强化，从而促进城市形象的传播。雅典、亚特兰大、巴塞罗那、悉尼、北京、伦敦等无不借承办奥运会之机来向世界标明自己具有的城市魅力，如2000年悉尼的"绿色奥运会"（图14）为悉尼树立了一个可持续发展的积极形象。此外节事活动的举办对城市乃至国家形象的改善和重塑有显著作用，如1964年的东京奥运会和1972的慕尼黑奥运会扭转了日本和德国在二战中遗留的不良形象，收到了积极的效果。但是，节事不总是对城市发展有正面的推动作用，也可能有负面的阻碍作用，节事活动的引导和控制不得当，举办城市都有可能被节事的"双刃剑"所伤，如悉尼在获得奥运会举办权后，种种丑闻和问题连连被曝光，城市形象遭遇了不少的麻烦；而2013年三亚的"海天盛筵"会展(图15)，是一场多方位高端生活方式展，但由于活动内容近百项，主办单位数十家，又时值环岛赛季，各种私人小派对每天不断，与MC白色派对的信息相混淆，会展导致城市形象负面效应连连。

2.3 城市空间效应分析

节事尤其是大型节事能直接导致城市旅游空间形态、质量及规模，在一定时期内出现非常规演变，引导推动城市旅游空间有序发展和跨越式提升，甚至可能重构或导致城市旅游空间发展失衡。对城市空间效应主要表现在两个方面：一是

图14 提升城市绿色形象的悉尼奥运会太阳能场馆

图15 提升三亚生活品位的"海天盛筵"游艇会展

78

城市结构，二是城市公共空间。大型节事的举办往往需要新建一些配套的场馆，利用和改造现有的设施，其新建、改造和利用都可以改善城市公共空间。因此，节事能为城市创造新的公共空间，改变城市已有的空间形态，为城市寻求新的秩序，调整城市发展过程中的不平衡，具有空间整合、完善空间体系的作用。重大节事形成的新公共空间，具有极大的吸引力和辐射力，促进城市功能的聚合，强化其关联性，加速城市空间的重构，实现城市形式的多样性和灵活性。如东京奥运会，日本为了建设高效快速的交通，促进了东京、京都和大阪等东海道城市连绵带的形成，但也破坏了一些江户时代和明治维新时期的建筑和景观遗产。因此，应依据空间感知场的感知规律、感知类型等，选择确定节事活动游客、社区居民可能感知的空间，对于城市体验场所的选择、规划设计具有积极的意义。此外，节事感知场(空间斑块及体验场所)、廊道等规划设计还要考虑如何从城市文脉、体验经济等多视角出发，使得城市节事的可持续发展具有可操作性。如上海借助世博会的举办契机和助力，推动了整个城市多中心格局的重构和多心开敞的城市结构的完善，实现了城市由单轴中心向多轴网络中心转化，拓展了黄浦江滨水发展轴，从空间布局、道路交通、生态景观和基础设施等方面完善了上海滨水的跨河城市形态，打造出了完整的黄浦江滨水景观，确立了黄浦江发展轴的三大节段的构架，进一步带动了上海城市中心跨越式功能提升，塑造了城市空间发展的新格局。

2.4 城市生活效应分析

节事活动只有首先满足市民的需要，才可能实现可持续发展，才可能散发出真正吸引游客的独特性，挖掘出丰富的内容，展示城市自身的独特性。节事，尤其是大型节事的举办的相关配套设施及其进行的城市改造和建设，给城市居民生活带来了影响，具体表现为：城市风貌得到改善，基础设施得到完善，就业机会增加。如2002年第一届"香港计算机节"的举办，拯救了香港当时非常疲弱的经济，增加了很多就业机会，已成为香港四大展销会之一。节事举办的同时，交通可能会变得拥挤，宁静的生活被扰乱，对自然环境有一定的破坏，城市垃圾增多等等。但是大型节事的举办总体来说还是改善了当地居民的生活质量，丰富了居民的娱乐生活，人们能从中受到美的陶冶、美的享受，使生活更加充实。因此，大型节事活动能够影响人们的生活方式和生活环境，从娱乐生活、增长见识、生活品质、家居环境等整体上提高了居民的生活质量和文化素质，有利于城市的健康发展。雷春（2010）研究三亚大型节事活动的社会效应时，对当地居民所做的调查问卷中发现，三亚（2006—2009）举办的大型活动对改善居民生活、提高居民的素质起到一定的作用。吴向明（2012）以杭州国际西湖博览会为例进行实证研究，探讨了社区居民对重大节事活动影响的感知，发现杭州市居民对西博会影响的感知是积极的，因此，节事活动对城市生活总的来说产生好的效应。

3 城市节事对风貌的魅力体现

3.1 魅力展示路径

3.1.1 提炼节事主题，促进城市理念识别

城市理念作为城市发展主题、价值取向和城市精神的反映，是城市魅力展示的主要路径。城市口号作为城市理念识别的一种方式，是吸引投资者和消费者的注意力的有效工具。因此在节事前后，提炼使用特定的城市主题作为城市口号，有助于标识城市的个性特征，吸引更多的民众进行消费投资，参与到节事中来。借助节事提出的城市口号应明确反映城市的优势以及所处的时空特征，提高城市的熟悉度、亲和力，从而改善城市形象。如1996年亚特兰大奥运会的主题标语为"亚特兰大：庆祝我们的梦想"，将奥运盛会与当地名人马丁·路德的著名演说"我有一个梦想"有意识地直接联系起来，从而使得亚特兰大与其他举办城市区别开来；2012年的上海世博会的主题（图16）是"城市，让生活更美好"，具有鲜明的特色和浓郁的时代特征，体现了中国人对于和谐城市的可持续发展的积极追求。2013年全国图书博览会（图17）以"书香椰韵，魅力海南"为主题，体现了海南优美的生态环境、丰富的自然资源、悠久的人文历史、深厚的文化底蕴，将其作为推进海南国际旅游岛建设和实现绿色崛起战略的一次重要机遇，使得更多的人了解了海南的地方特色文化。

3.1.2 打造节事工程，促进城市视觉识别

城市视觉识别强调民众对城市环境的识别，以利于民众体验和记忆。节事尤其是大型节事的举办需要依托一系列与之匹配的建设工程，即节事工程，使得节事得以有特定的场所发生。因此，城市、建筑空间等作为承载节事活动的场所，需要更新、修建。节事通过创造不同凡响的城市空间和具有影响力的大型建筑，

图16 促进理念识别的2010上
　　　　海世博会主题口号
图17 体现海南魅力的2013全
　　　　国图书博览会主题

提升城市的视觉形象识别力，增强其视觉可感知性，最终促进城市视觉识别。如法国世界杯足球赛主体育场，世界小姐总决赛举办地的"美丽之冠"（图18）等。

3.1.3 借助节事活动，促进城市行为识别

城市行为识别是城市动态的视觉特色，表现为城市中不断发生的各种活动以及与这些活动相联系的特定行为。良好的行为识别使民众在看到城市的标识时就联想到城市与众不同的行为与体验。节事作为城市生活的一部分，在一定时空内引发的特定城市行为，具有特定存在性，不容易被复制。因此城市节事能作为城市行为识别的特征，主动借助节事活动促发民众行为，有助于增加城市环境的生动性。如里约热内卢狂欢节、西班牙斗牛节、海南欢乐节（图19）等，都是借助节事活动来促进城市行为识别。

3.2 魅力传播平台

3.2.1 节事活动的策划

提高节事活动本身的吸引力度来传播城市风貌魅力，是直接有效的传播方式。因此节事活动的策划需要根据活动参与者的实际需要创新活动主题，丰富活动内容与形式，满足民众在接受传播信息时对信息本身吸引力和记忆力的要求，如海口热气球节（图20）。同时活动中需要策划出好的纪念品，让节事活动信息在民众脑海中停留更久。因此，我们不仅要注重节事活动的策划，还应加大对其纪念品的开发投入，深化其创意和内涵，存储更多的节事信息，更好地传播城市风貌魅力。

3.2.2 政府平台的推介

借助政府平台的推介，将节事活动与城市营销、政府发展战略结合，突出节事与城市的密切关系。政府通过相关会议、展览、节事活动、表演活动等进行节事活动传播，针对有较高关联度和较近距离的目标人群，从而增强对节事活动和城市魅力的传播。如"重庆火锅节"的举办，重庆政府借助"重庆会展北京推介会"，吸引民众关注，政府还通过上海世博会、西湖博览会等具有重大影响的活

图18 举办地与特定行为联系紧密的三亚"美丽之冠"

图19 具有城市行为识别效应的海南欢乐节

81

动，将"重庆火锅节"向世人推介。海南的诸多重大节日也都与国际旅游岛的国家战略紧密联系，以吸引更多的投资商和赞助商参与其中。

3.2.3　媒体传播的整合

除了对传统媒体的整合，如传统门户网站新闻专栏、广告刊登、电视、广播外，举办城市还要建立专业的节事活动网站，采用更多的新媒体如微博、微信等平台，充分利用新媒体极强的参与性，通过比赛的形式调动参与者主动传播的积极性，刺激受众对节事资讯的获取欲望，进一步扩大节事活动信息的传播，让民众从受传者向传播者转变。如海口热气球节通过召开专门的新闻发布会（图21），吸引各大新闻媒体对其关注，包括中央电视台体育频道30分钟的专题片、凤凰卫视、英国路透社等国内外有较大影响力的媒体（图22），达到了岛外传播4 100万人次，辐射传播人群上亿人次，极大地促进了热气球节和海口城市魅力的传播。

3.2.4　人际传播的拓展

通过消费者将其在节事活动现场的互动和体验，对节事活动的生动感受传达给身边的人，增加受传者对节事活动的信任度，从而为节事活动招揽更多的消费者。因此，拓展人际传播，能够有效地拉动节事活动的人气，创造出良好的口碑，为节事活动的再次举办奠定基础，实现节事活动的可持续发展。但是，在人际传播的拓展过程中，举办城市不能忽视节事活动本身的质量和服务问题。

4　结语

目前城市节事已涉及经济、社会、政治等领域，我国对城市节事的关注随着北京奥运会、上海世博会、广州亚运会等具有世界影响力的重大节事的圆满组织和相继举办，也逐渐达到高潮。节事对举办城市而言，是"牵一发而动全身"的重大影响因素，对城市空间形态重构、城市旅游业发展、城市形象传播、城市居民的生活质量提升不仅能产生积极的促进作用，有时还会导致消极的负面影响。因此，我们既要关注节事对城市的正面效应，又要重视对城市可能产生的负面影

图20　海口热气球节宣传画
图21　海口热气球节新闻发布会
图22　海口热气球节媒体传播的整合

响，全面、客观地分析和总结城市节事产生的综合效应。加强节事对举办城市纵向影响的研究，让节事更好地服务城市，城市更好地举办节事，进而更好地彰显城市节事的风貌魅力。

参考文献：

[1] 陈红梅，王颖，方淑芬.奥运会对举办城市的影响研究 [J].特区经济，2006（6）：130-131

[2] Getz, D. Event Management & Event Tourism[M]. New York: Cognizant Communication Corporation, 1997

[3] 雷春，田言付.三亚大型节事活动与城市社会效应评析[J].怀化学院学报,2012(08):33-35

[4] 刘梦萝，刘兆德.浅析节事对城市空间结构和形态演变的影响机制[A].多元与包容——2012中国城市规划年会论文集(02.城市总体规划).

[5] 刘源，陈翀.节事与城市形象设计 [J].建筑学报，2006（7）：5-7

[6] 蓑茂寿太郎；李玉红译.1964年东京第18届奥运会对东京城市景观的影响[J].中国园林，2003(2):65-69

[7] 吴国清.大型节事对城市旅游空间发展的影响机理[J].人文地理，2010（05）：137-141

[8] 吴向明，李翠玲，李敏.社区居民对重大节事活动影响的感知研究——以杭州国际西湖博览会为例 [J].北方经济，2012（09）：29-30

南通近代城市色彩魅力的传承

王　洁　吴敬莲　陈　思

（浙江大学　南通市规划局　南通市规划局）

1　城市色彩文脉的传承

1.1　当今城市色彩文脉的缺失

城市作为人类文明与智慧的结晶，在长时间的发展和沉淀中逐渐形成了具有自身特点的历史和文化；城市色彩也通过不断演化来实现自我调节和完善，成为形成城市特色的重要因素之一。一般而言，文脉具有纵向的时空关联，即历时性特征。将文脉概念引申于色彩研究领域，可以得到色彩文脉。它指在历史的发展过程以及特定条件下，城市色彩与自然环境、建成环境以及相应的社会文化背景之间的一种动态的、内在的本质联系的总和。

但当今中国城市的快速发展，人为地破坏了原本自然的动态平衡，导致城市原有的传统色彩倾向和自然环境色彩基因被逐步忽视；现代主义建筑风格和现代建筑材料又削弱了城市色彩的独特性，富有独特色彩景观的大中型城市在中国已逐渐成为历史。因此，城市色彩研究作为保护城市历史与文化的重要元素，已经受到越来越多的重视。城市色彩规划也必须站在城市文化传承的角度，去探索、分析、评价和塑造城市的独特色彩魅力。

1.2　影响建筑色彩传承的动因

城市色彩主要由自然色彩、建筑色彩以及城市小品、构筑物等色彩组成。其中量广面大的建筑是构成城市空间的主要物质元素，建筑色彩的研究结果可以为城市色彩魅力营造提供直接的借鉴。在建筑色彩的传承方面，有三种动因发挥着作用：其一是持续力，即文化力；其二是企划力，是指人类有意识地进行变革的力量；其三是社会改变力，是指建筑技术的发展、外部影响或意识变化等。

从中国很多城市建设的经历来看，保护历史与现代化之间的矛盾一直困扰着我们。我们的城市建设自然而然地受到持续力、企划力和社会变革力的同时作用，城市更新需要受到历史的激发，但时代的进步又要求有新的变革来适应未来发展。城市色彩规划也是既要传承历史，又要面对未来，全方位地考量色彩文脉的传承与创新，才能创造真正为市民所喜爱的城市色彩。下文以南通市为例，重点阐述如何从整体层面的色彩规划出发来彰显南通文化和本土精神，激发南通的城市魅力。

2 南通的城市魅力

2.1 作为历史文化名城的南通

江苏省南通市地处长江下游冲积平原，东濒黄海、南临长江的江海交汇之处，与苏州、上海隔江相望，被称为江海门户。南通属于北亚热带湿润性气候区，季风影响明显，四季分明，春秋两季比较短。南通气候温和，光照充足，雨水充沛，年平均气温在15℃左右，年平均降水量 1 000～1 100 mm。

南通作为国家历史文化名城，历史悠久。公元 958 年（后周显德四年），静海制置副使王德麟征发民夫，在通州筑土城，立东、西、南、北四门，城周六里七十步，城的周围有利用天然湖泊开挖连接而成的濠河，城内有市河。这是南通历史上第一次大规模建城，奠定了南通城的基本格局。明中叶以后，通州土布业兴盛。商业贸易的发展使城东、西两侧向关厢地带扩张，原有城市逐渐发展成为"T"字形。南通城从后周建立，持续使用至清末民初，中间有所修筑，但改变不大。南通市区现有省级历史文化保护区 1 处，历史街区 5 处，各级文物保护单位 51 处，另有优秀历史建筑 40 处。

2.2 作为"中国近代第一城"的南通

2002 年 8 月，清华大学吴良镛院士来南通考察后发现，南通是近代史上中国人最早自主建设和全面经营的城市典范，提出了南通作为"中国近代第一城"的学术观点。南通作为中国近代史上由国人张謇主持规划设计、系统营建的最早城市，在中国近代城市建设发展中具有推动和指导性的作用。

南通近代城市建设发轫于 1895 年，其发展依托清末爱国实业家张謇兴办实业的创举。在短短三十年间（1895—1926），由一个旧式的苏北小城一举成为全国各地纷纷效仿的模范县，创造了极大的辉煌。在张謇的南通城市规划实践中，依托核心的纺织工业，开辟了第一个近代工业区和为之配套的货运码头区，形成了以老城区为政治、金融、商业、文化中心，唐闸工业区、天生港港口区和狼山风景区环绕老城的一城三镇格局（图 1）。张謇时代的南通，社会繁荣兴旺，被人们赞誉为"新世界的雏形"，成为长江下游的重要商埠。张謇的一城三镇、城乡相间规划理念，可以与英国霍华德于 1898 年创立的花园城市理论相媲美。今天的南通城市发展方向和城市形态仍保持着这一城镇布局的特色。

图1 南通一城三镇

3 南通近代建筑的色彩魅力

3.1 南通近代建筑的特征

南通市区目前还保有较多近代建筑,主要集中在濠河一带和唐闸工业区。张謇为实现其实业救国的理想,对南通进行了全方位的经营,使得南通近代建筑有一个比较完整的体系,各种功能的建筑比较齐全,如居住、学校、公共文化、银行、工业、福利、科研等。尤其是大量近代工业建筑集群,是国内其他城市较为少见的。

张謇在全面规划建设南通城市发展的同时,于1902年办了我国最早的师范学校——南通师范,培养了中国近代建筑师的先驱——南通籍建筑师孙支厦。在南通近代建筑的建设过程中,既没有外籍建筑专业人员的介入,也没有留学归国

图2　南通独特的近代建筑

建筑师的参与，较多近代建筑都是基于张謇个人喜好，由孙支厦规划设计，经当地工匠建造而成的中西合璧式近代建筑，其中不少建筑只是局部构件呈现西式风格。这些近代建筑既融汇了西式建筑风格，又有本土建筑的基因，形成了张謇时期独特的建筑造型和装饰风格（图2）。

张謇去世后，大生集团经营不景气，直接影响了南通的城市建设。随后的战乱期间，经济困难又制约着城市发展，基本没有太大的建设。张謇时期建造的大量近代建筑在百年历史发展中保留下来了一部分，值得重视和深入研究。

3.2　整体色彩特征调查

调查样本选自张謇时期建设的45处近代建筑，共计76栋。调查以一栋建筑为一独立色彩样本，对其外墙进行拍照，并以孟赛尔色彩体系*来记录测得的色彩；同时考察材料、细部与色彩的关系。

图3是对调查对象进行的取色和汇总，可以看出南通的近代建筑虽然随着岁月的流逝损失了一部分原有色彩，但整体色彩倾向仍以砖红、灰色、米黄为主。建筑的色彩和材料、细部构造也有一定的规律，外墙材料主要以砖和石灰涂料为主，多辅以浓重的暗红色、深褐色的门窗构件和浅色或砖红色的线脚及窗楣。

3.3　从量化分析看色彩规律

将每个色彩样本的孟赛尔数值导入Origin软件，得到色相－明度(Hue-Value)、色相－纯度(Hue-Chroma)分布图（图4）。上下两张图表对照来看，南通近代建筑色彩有三个规律。

第一，集中于高明度（V>6），低彩度（C<4）区域；

第二，色相集中在暖色调的红色系（R）、黄红色系（5YR）、黄色系（Y）和冷色调的蓝紫色系（PB），在蓝绿色系（2.5G~5B）和紫色系（2.5P~10RP）分布很少，总体色彩分布有着鲜明的对比；

*　注：以明度（value）、色相（hue）及纯度（chroma）三个维度来描述颜色的方法

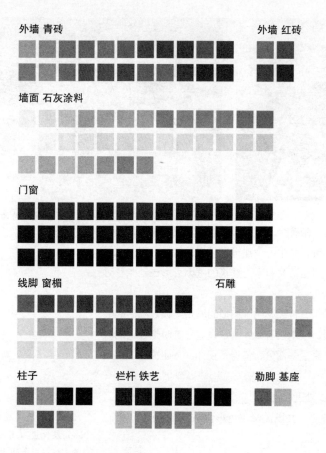

外墙 青砖

外墙 红砖

墙面 石灰涂料

门窗

线脚 窗楣

石雕

柱子

栏杆 铁艺

勒脚 基座

图3　南通近代建筑的取色总汇

图4　所有样本的色彩分布图

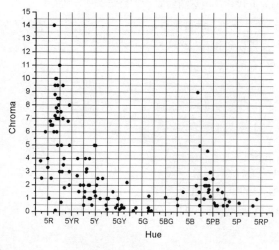

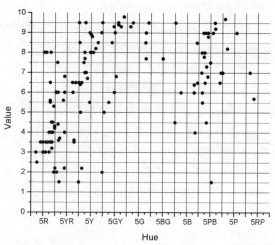

第三，红色系分布于各个纯度、明度，黄色系分布于高明度低纯度，蓝紫色系分布于高明度低纯度的范围，也就是冷灰色。总体上，暖色调比冷色调的样本数量更多，明度纯度的分布更分散。

进一步将青砖色、红砖色、米黄色这三类外墙面色彩分类进行测色，从青砖的色彩分布图可得，色彩主要分布在 7.5B~2.5PB 区间，明度集中在 6~8 之间，纯度都低于 3，即基本为冷灰色，也有零星分布在绿黄色系，但总体都呈现中高明度低纯度的倾向。

红砖外墙面样本较少，大部分出现在窗楣、线脚的位置，明度范围为 4.5～7 之间，色系范围为 7.5R～5Y 之间。

以石灰涂料为外墙面的色彩上有三种规律：一种是各种由浅到深的黄色，一种是高明度低纯度的近似白色，一种是高明度的灰色。在红色系（R）、蓝绿色系（BG）、蓝色系（B）几乎没有分布，总体纯度较低（C<2.5），明度较高（V>6.5），是较素雅的色彩。

4 近代建筑色彩魅力的继承与发扬

4.1 在城市色彩结构中的体现

色彩规划既要考虑城市特征，还要从城市空间规划角度分析城市色彩与城市空间的关系。如图 5 所示，作为持续力的体现，本次色彩规划的空间结构保持并突出"一城三镇"的色彩厚重感和历史感，并通过"历史核"和"新城心"的对比，兼顾企划力和社会变革力的作用。

四个历史核："一城"为南通老城，是色彩结构中的重要历史核，也是近代青砖和红砖文化的原点。"三镇"是指张謇时期规划建设的天生港工业区、唐闸工业区和狼山风景名胜区，整体色彩意向厚重，是青砖和红砖文化的充实。因此，一城三镇区域的建筑色彩基本以青砖色为主色，红砖色为辅色，白色为点缀色。

六个新城心：根据南通城市未来的发展规划，确定北翼新城中心、观音山中心、新区中心、能达中心和苏通经济开发区中心、通州新区中心等 6 个新城核，是反映南通城市现代化发展的核心地区。六个新城心的整体色彩感觉是明快清新的，基本为高明度和中彩度的淡雅色彩。六心将形成片区的色彩控制中点，演绎出色相、明度和彩度变化的各种交织，点缀并丰富南通整体色彩形象。

历史核和新城心的色彩关系：历史核的墙面主辅色是厚重的、低明度的青砖色、红砖色和褐色，代表南通近代建筑的典型色彩；新城心的墙面主辅色是明快

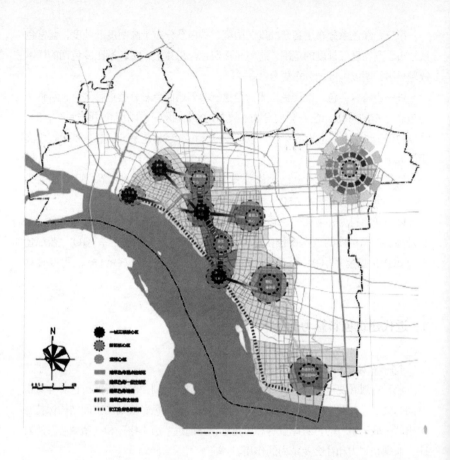

图5　南通色彩结构

的、高明度的亮丽色系，代表南通城市色彩的发展方向。通过历史核和新城心两
者之间形成明确的色彩对比，彰显南通历史与现代交相辉映的城市特色。建筑材
料前者以砖为主，后者以石材和涂料为主，呈现出沉稳细腻的古韵与明快大气的
新城形象的对比。

4.2　在色彩总谱中的体现

影响城市色彩既有土壤、气候和绿化等自然因素，更要考虑传统文化、历史
建筑的色彩对城市色彩的影响。作为色彩规划的控制手段，我们需要确立城市色
彩总谱，使其成为指导中观和微观层面色彩规划设计的重要依据。总谱的确定应
该考虑以下几个方面的因素：

第一，色彩的持续力；我们首先将现状色谱进行优化和选择，并将其富于生
命力的色彩用于总谱中，体现色彩的延续性。其次要将南通的特征色彩进行优
化、选择，并用于总谱中，提升色彩总谱的独特性。

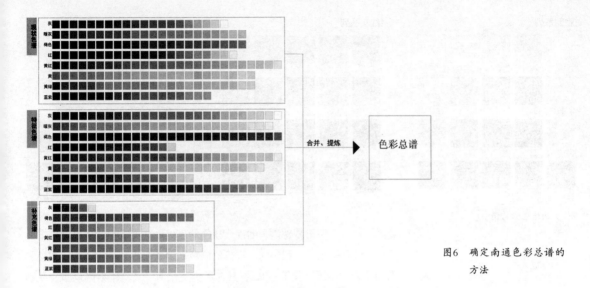

图6 确定南通色彩总谱的
方法

第二，色彩的企划力，就是要考虑提供能适合南通未来城市建筑和发展需求的补充色谱，补充色谱以中高明度和纯度的色彩为主。

第三，色彩的社会变革力，就是要考虑居民意愿和建筑材料和技术的发展。本次色彩规划通过问卷调查的方式统计和分析了南通居民的色彩意愿，希望在现状色谱、特征色谱和补充色谱的色彩合并和提炼过程中，较好地反映了居民的色彩意愿。

图6所示的是确定南通色彩总谱的方法，即经过筛选的现状色谱、从自然和历史中提取的特征色谱，以及适应未来城市发展需要的补充色谱。通过三个色谱中相似色彩的抽取、合并和提炼，得到能满足主要功能区域用色需求的色彩总谱（图7）。

南通色彩总谱由雅韵系列、红灰系列和亮丽系列共同组成。雅韵系列和红灰系列侧重对南通作为历史文化名城以及近代第一城的城市魅力传承；亮丽系列侧重对南通作为现代化江海门户城的塑造。

5 小结

南通近代建筑作为中国历史文化发展的产物，是反映时代特征的一个重要载体。近代建筑色彩的调查与分析不仅可以直接用于近代建筑的保护与修复，而且基于动态历史色彩保护的应用，其色彩应用可以拓展到协调历史建筑与周边建筑

雅韵系列　　　　　　　　红灰系列　　　　　　　　亮丽系列

  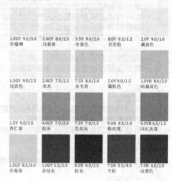

图7　南通色彩总谱

之间的关系，也有应用于特殊需求的现代建筑的可能性。我们希望能够从城市文脉中传承那些留存下来的、积极的、有价值的色彩要素来再现和丰富城市的色彩魅力。南通作为"中国近代第一城"，其在历史文化街区及其辐射区以富有继承性的色彩来区别于其他城市，是创造南通独特色彩景观的潜质和优势。同时，南通又是快速扩张和急剧发展的年轻城市，在新建城区以富有朝气和活力的明快色彩来彰显城市的蓬勃向上。

但任何建筑色彩一定依附于材质而存在，要完全把近代建筑的质地和色彩的印象区分开是很困难的。把近代建筑的青砖换成涂料或石材，其色彩感受和意象会完全发生变化。所以，在中观和微观层面的色彩规划中，需要深入考虑材质在表达城市色彩方面的作用。

色彩规划需要从城市空间结构的角度综合考虑，从宏观、中观和微观等不同层面来考虑色彩文脉的传承，并考虑与未来的城市建设相得益彰，使得色彩规划和设计成为城市建设的新亮点。

参考文献：

[1] 苗阳.我国传统城市文脉构成要素的价值评判及传承方法框架的建立，城市规划学刊，2005，04

[2] 王昕.江苏近代建筑文化研究[D].南京:东南大学，2006

[3] 吴琛，张龙，曹磊，等.历史建筑色彩修复保护中延续城市色彩文脉——以天津历史建筑色彩修复保护的实践为例[J].天津大学学报(社会科学版)，2012(3)

[4] 吴良镛.张謇与南通"中国近代第一城"[J].清华大学学报(哲学社会科学版)，2003(6)

城市绿化风貌的构成和魅力规划

赵钟鑫　罗召美　李敏泉

（雅克设计有限公司）

城市绿化风貌是城市风貌的重要组成部分，对传播城市形象、彰显城市魅力、提升城市竞争力都起着重要作用。城市绿化风貌不仅代表城市独特的人文景观风貌和文化底蕴，还是城市生态和城市品位的重要体现。城市绿化风貌根据城市的发展要求和具体条件，合理安排城市的园林绿地系统，通过规划手段，对城市绿地及其物种在类型、规模、空间、时间等方面进行系统化配置，生动地反映了城市中人与自然的和谐关系，是践行"美丽中国"和科学发展观的重要实践。

1 城市绿化风貌的构成

城市绿化风貌主要包括城市公园绿化风貌、道路绿化风貌、广场绿化风貌、社区绿化风貌、生态敏感区绿化风貌、滨水地段绿化风貌等。

1.1 公园绿化风貌

公园是城市的绿洲，也是衡量城市整体环境水平和居民生活质量的一个重要指标。良好的公园绿化风貌可以增强民众对城市的认知和记忆，是城市意象的重要组成要素，甚至可能成为城市的地标产品，如巴黎的卢森堡公园、伦敦的海德公园、曼哈顿中央公园（图1）、三亚亚龙湾热带天堂森林公园、北京北海公园、上海中山公园等。新加坡通过提供类型丰富和设施完备的公园（图2），如区域公园、邻里公园和公园廊道等来满足公众的游憩需求，并以此来提升其花园城市和岛屿城市的形象（李金路，2002）。公园绿化风貌应根据植物的观赏特性的不同，充分发挥植物的自然特性如生长的自然地理条件及其植物季相景观等，以植物的形、色、香作为公园绿化风貌的素材，通过孤植、列植、丛植、群植、林植等配置手法，同时与园内山水、建筑、园路等自然环境和人工环境相协调，服从于公园的功能需求、组景主题，根据园内的气温、土壤、日照、水分等条件来适时适树。如广州的流花湖公园（图3）为体现其亚热带公园的特有风貌，在北大门种植有大王椰为主的大型花坛，榕树林围成的活动区、糖棕林带等棕榈科植物。海口万绿园（图4）蓝天绿茵,椰风海韵，体现海南的生态和地域特色，园内以海南热带观赏植物为主，栽种了近万颗椰子树，还种植国内外热带、亚热带观赏植物，充分体现热带风光、海滨特色、国际性旅游城市的特点。通过城市基调树种来体现公园绿化风貌的有长沙桔洲公园的橘林（图5）、武汉解放公园的池杉林（图6）、杭州花港的广玉兰、上海复兴公园的悬铃木（图7）、湛江海滨公园的椰林等。

1.2 道路绿化风貌

城市道路绿化可构成优美的街景，并成为现代城市景观的重要标志。让道路在满足交通功能需要的同时，通过选择合理的植物种类，运用科学艺术的配植手法，用生态绿化构筑成一条条美丽的、各具特色的风景线。各级道路形成各自特色，具有标志性和可识别性，"一路一树"、"一路一花"、"一路一景"、"一路一特色"等，如五指山市道路两旁的香樟（图8），三亚的"椰梦长廊"

图1	图2	
图3	图4	
图5	图6	图7

图1　成为城市地标的曼哈顿
　　　中央公园
图2　新加坡类型丰富和设备
　　　完善的公园绿化风貌
图3　彰显亚热带特有风貌的
　　　广州流花湖公园
图4　体现热带风光的海口万
　　　绿园内的椰树
图5　长沙桔洲公园的橘林
图6　武汉解放公园的池杉林
图7　上海复兴公园的悬铃木

94

（图9）、海棠湾路的椰树，南京北京西路的银杏等。道路绿化风貌还要重视道路红线内两侧绿带景观和道路外建筑退后红线留出的绿地，道路红线与建筑红线之间带状花园用地等。如深圳市规定在道路普遍绿化的基础上，在城市主次干道两侧红线以外至建筑红线之间各留出30～50米宽的道路绿化带，形成独具景观特色的道路绿地，值得借鉴。

1.3 广场绿化风貌

广场作为城市重要的空间场所，是市民休憩、休闲、游玩等日常生活的主要载体，其绿化风貌对彰显城市风貌魅力有着重要影响。如北海北部湾广场（图10）的林荫广场绿化选择具有南方特色阔叶乔木水石榕为主要树种，修剪成方体或珠体形状，形成规矩、整齐的广场绿色景观风貌，椰子树、槟榔、糖棕等大片热带棕榈科植物，同时利用带状花卉和大块花坛以及整形灌木配置，使整个广场

图8　五指山市以香樟来表现
　　　道路林荫风貌
图9　独具热带滨海风貌的三
　　　亚湾"椰梦长廊"

硬质地面与软质地面比例适宜，连成一体，体现浓郁的亚热带城市风光。

1.4 社区绿化风貌

社区绿化风貌是城市绿化风貌规划的重要部分，与人类生活密切相关，是居民日常活动的主要场所。社区绿化风貌应强调环境整体风貌，充分利用和塑造地形，将建筑物、构筑物、道路、场地等相互结合，积极运用各景观要素，创造其关联，适当调整社区内的道路体系，使人行步道的交通空间，休闲娱乐的交流空间，健身、游戏的场地空间，自然绿化的生态空间，文化、艺术的景观空间，消防、停车的功能空间都能有机融合，以突出社区的整体风貌。社区的绿化风貌应贯彻人和自然和谐的原则，以小尺度的绿化空间为目标如花架、花盆、景亭、雕塑等小品，创造以建筑为主题的环境风貌，实现有心理归属感的景观风貌，形成以自然为基调的生态风貌，如亚龙湾的公主郡（图11）。社区绿化风貌应以乔木为主体，提倡乡土树种，构成乔、灌、草多层结构，创造出树木葱郁、水体清澈、空气清新、百鸟争鸣、蝶舞蜂鸣的都市田园风貌。

图10 浓荫蔽日的广场绿
    化——北海北部湾
    广场

图11 以自然为基调的社
    区绿化——三亚公
    主郡

1.5 生态敏感区绿化风貌

生态敏感区作为一个区域中生态环境变化最激烈和最易出现生态问题的地区，也是区域生态系统可持续发展及进行生态环境综合整治的关键地区。其绿化风貌关系到城市的用地布局、发展方向和体系结构，对城市规划的框架形成有重要的意义。生态敏感区的类型包括：河流水系、滨水地区、山地丘陵、海滩、特殊或稀有植物群落、野生动物栖息地，以及沼泽、海岸湿地等重要生态系统，其中滨水地段绿化风貌包括海滩等（绿化风貌在后文有专门的描述）。如杭州西溪湿地国家公园（图12），其绿化风貌融文化风貌、生态风貌于一体，植被繁多，大面积的芦荡，初春踏青漫步、夏日采菱赏荷、秋来观柿听芦、冬日探访梅花，四时景色各具特色。三亚椰子洲岛湿地公园以人工种植的椰子唱主角，少量木麻黄、台湾相思配合防风林，大面积的野菠萝和"飞机草"，体现南国海滨的风貌特色。北海山口（图13）、三亚河生长的红树林，因其生长环境的独特性，成为城市绿化风貌的亮丽景观。

1.6 滨水地段绿化风貌

滨水地段绿化风貌包括滨海绿化风貌、滨河绿化风貌、滨湖绿化风貌等。其绿化风貌不仅应体现人与水体的依存关系，还应将岸线有机地组织到城市休闲空间中来，增强环境的亲水性，激起以往的记忆，是城市历史文脉的延续。滨海绿化风貌应随着海岸线的蜿蜒而形成绿化带，成为城市景观轴和视线通廊。滨海地段的绿化风貌应根据海边盐碱地的地形和土壤特殊性，选择适合的植物，营造出自然的绿化风貌，有时还需设置海滨浴场、游艇码头等一些与水有关的运动设施（李铮生，2006），如北海银滩，三亚的各海岛、海湾等，以增强其亲水性。滨湖绿化风貌应考虑湖泊和城市的关系，绿化带随着湖岸线而不断变化，相对于海岸线，较为柔媚，如杭州西湖沿湖地带绿荫环抱，有三秋桂子、六桥烟柳（图14）、九里云松、十里荷花，将西湖连缀成了色彩斑斓的大花环，使其春夏秋冬各有景色，晴雨风雪各有情致。苏州河两岸绿化以水杉、女贞、广玉兰等为主，利用不

图12 | 图13

图14 | 图15

图12　杭州西溪湿地景观风貌
图13　北海山口红树林景观风
　　　貌
图14　西湖沿湖岸的烟柳
图15　苏州河沿岸2公里长的
　　　绿化带

同物种的空间、时间和营养生态位之差异来配置植物（图15）。苏州河普陀段的绿化建成观赏型人工植物群落、环保型人工植物群落、保健型人工植物群落、科普知识型人工植物群落和文化环境型人工植物群落等五大群落，成为普陀的地标绿化景观风貌。

2 城市绿化风貌规划的要点

2.1 规划布局

城市绿化风貌作为维系城市"天人关系"的纽带，其风貌规划布局在城市空间结构体系中理应有其特殊的地位。由于其联通能力在城市中仅次于交通系统，用地面积比例较大，因此应构建以城市绿化风貌规划为先导的城市规划（王浩，王亚军，2007）。根据城市不同的自然条件，充分利用山、海、河、湖、江等自然资源，将其与城市道路、广场、公园、社区绿地等结合，成为城市形态的"骨架"，如五指山市中心城区绿地系统规划就体现了这一点（图16）。借鉴景观生态学的"基质——廊道——斑块"理论（邬建国，2002），规划以湿地、山林等为绿化基质，以自然保护区、风景区、社区、工业园区、公园、广场等为重要生态斑块，通过道路绿化、高压走廊绿化、水系绿化、防护林绿化等形成绿色生态廊道（宋洋

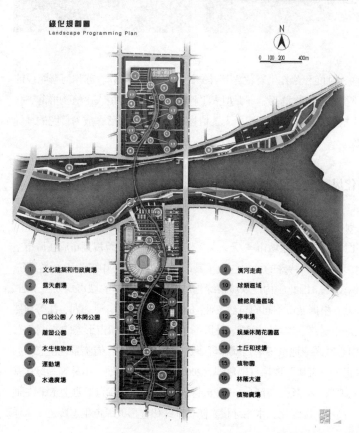

图16 成为城市形态"骨架"，体现生态城市定位的绿化风貌规划布局——五指山市中心城区绿地系统规划结构分析图

绿化规划图
Landscape Programming Plan

图例：
- 规划建设区
- 生产绿地
- 防护绿地
- 公园绿地
- 其他绿地
- 景观轴线
- 滨水城市公园带
- 视觉通廊
- 城市公园
- 规划范围线

① 文化建筑和市政广场
② 露天剧场
③ 林区
④ 口袋公园 / 休闲公园
⑤ 雕塑公园
⑥ 水生植物群
⑦ 运动场
⑧ 水边广场
⑨ 滨河走廊
⑩ 球类区域
⑪ 体育馆周边区域
⑫ 停车场
⑬ 娱乐休闲花园区
⑭ 土丘和球场
⑮ 植物园
⑯ 林荫大道
⑰ 植物广场

图17 反映完整有序的景观生态格局和城市生态空间格局——佛山市绿化与功能空间规划布局

洋，2010)，形成统一的绿化基调，合理组织并建立完整有序的景观生态格局，维持区域生态平衡。城市的绿地系统在城市生态的建设和维护以及为市民创造一个良好的人居环境，促进城市的可持续发展等方面起到城市的其他系统无可替代的重要作用。因此规划布局应体现城市绿化、强化城市生态空间格局、塑造结构特色，如佛山市的绿化和功能空间的规划布局（图17)。

2.2 植物配置

坚持适地适树、生态性原则；以乡土树种为主，突出市树、市花的地位；近、远期相结合，速生、慢生树种相结合，常绿、落叶树种相结合，生态功能与景观效果相结合原则和加强植物种多样性保护原则，丰富植物的色相、季相变化，提高绿化档次，加强生态廊道绿化建设。发展乡土树种，突出植物景观特色。行道树选择适应性强、树干直、分枝高、冠大荫浓、生长寿命长且能体现城市绿化风貌特色的树种。公园、广场、道路绿化应注意植物形、色、味的配置，做到季季有景，景色各异，成为城市绿化风貌特色的窗口。社区绿化风貌主要以人的尺度为主，宜种植遮荫效果好、树姿优美的树种，阳台绿化以小灌木和草本植物为主，垂直绿化植物以藤本植物为主，不宜栽种有毒或香味过浓的植物。生态敏感区绿化宜多采用具有抗污染、抗风、耐旱、耐盐碱等功效的树种。滨水地段植物要以抗风、耐涝为主。

2.3 景观营造

城市绿化景观风貌应坚持因地制宜，适地适树的原则，突出乡土树种，强化城市空间和地域绿脉，市内的古树名木，作为城市绿化风貌的重要载体，应予以重点保护。如武汉新区滨水区的概念规划以滨水区作为重要景观轴，以大面积绿地为生态基础，以滨江林荫道、滨水绿地为骨干，将城市绿化与景观有机地串联起来，形成点、线、面相交的绿化景观体系（图18)。城市绿化景观风貌的营造还应将城市文化特色要素融合、交汇在城市绿化风貌中，成为城市景观风貌的主旋律，如广州市利用绿化风貌来改造城市旧城区，使得生机蓬勃，将人文和绿化紧密地连在一起（图19)。更如："人工山水城中园，自然山水园中城"的苏州；"包孕吴越山水，撷尽太湖风光"的无锡；"两河西楚韵，湖畔园林城"的宿迁；"青山翠拥钢城、滦河碧水中流"的河北迁安；"城郊山林绿野、城中绿廊串珠"的河北遵化；"三河伴绿链、三山环城立"的河北迁西；"苍山壮骨水润肤、绿铸城心古为魂"的绍兴；"半城绿树半城楼"的南宁；"青山碧湖环绿城、港湾翠岛镶明珠"的湛江等。

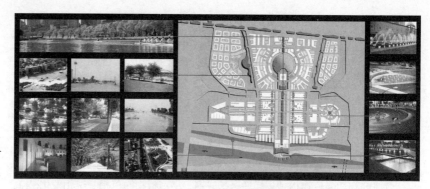

图18 景观营造和绿化规划有机结合——武汉市新区

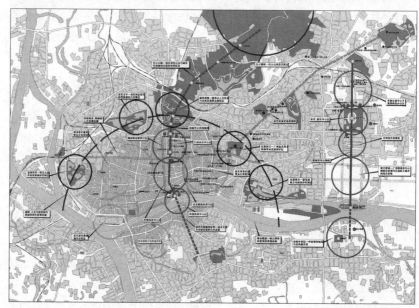

图19 人文风貌和绿化风貌的协同效应——广州旧城区

3 城市绿化风貌的魅力体现

基于城市绿化风貌在体现城市环境归属感和城市魅力方面的重要性,主要对其魅力体现的途径作以下论述。

3.1 合理布局城市绿化系统

城市绿化系统涵盖的范围比城市绿地系统涵盖的范围广,城市绿化系统除包含城市绿地系统的绿化内容以外,还包含建筑、桥梁等垂直立体绿化部分,即城市绿化系统包括平面绿化系统和垂直绿化系统。

生活在城市里面的人们能够通过各种类型的绿地零距离地感受到平面绿化系统的存在，而对于垂直绿化系统，人们很少能直接进入其中体验感知，但是垂直绿化系统为城市"图一底"关系中"图"的要素增添了绿色的生机，对城市绿化风貌魅力的体现起到画龙点睛的作用，因此应合理布局城市平面、垂直绿化系统。

城市绿化系统的布局需要前期作合理规划，应合理分配公园绿地、生产绿地、防护绿地、附属绿地等绿地类型的用地，形成点、线、面的城市绿化布局形态，点状绿化系统以各种小面积点状类型的绿地为主要载体，如城市居住区内部的小游园，线状绿化系统以河流、海岸、道路、带状公园及规划通廊为主要载体，如海口市西海岸带状公园，面状绿化系统以大面积各种类型的绿地为主要载体，如海口市万绿园、白沙门公园等。

3.2 高度重视城市边缘绿化

城市绿化风貌的魅力应关注城市的边缘地带，如垃圾处理厂、垃圾堆放点、传统旧城区等，因为城市绿化在美化城市的同时，也掩盖了城市在某方面的瑕疵。对于城市垃圾处理厂、堆放点，由于难闻的气味，人们都不愿前往，而这些地方恰好是最能体现一个城市品位的地方。如何将这些地带绿化出魅力，是体现城市绿化力度的关键。

对于传统旧城区，由于前期建设遗留下来的用地受到限制的原因，没有留出足够的空间，其城市绿化风貌应通过垂直绿化来体现，如盆栽绿化、阳台绿化、屋顶绿化、墙体绿化等，增加区域内的绿视率。绿色的植物、缤纷的鲜花与传统风貌的建筑物相互辉映，也能体现了城市的绿化魅力。

3.3 体现城市绿化本土特色

城市绿化的本土特色通过对乡土植物的运用来体现，本土植物由于受生长环境优胜劣汰选择机制的作用，对生长所在城市的环境呈现出特定的形态特征。如热带地区的植物具有板根、气生根、老茎开花/结果、绞杀、附生等现象，而其他气候区的植物却不具有这些特征。此外热带地区还有很多其他地区不具有的植物种类，如青梅、坡垒、蝴蝶树、海南木莲、石斛兰等。

植物脱离了土生土长的生活环境后，植物形态可能会改变，犹如"桔生淮南为橘，生于淮北为枳"一样，有的植物离开原始生活环境后长势不好，甚至不能成活。因此每个地区的乡土植物都有其独特的形态特征，其固定的群落组成是该区域独特的绿化风貌。因此，乡土植物塑造的园林景观、城市绿化可凸显城市绿化风貌的地域魅力，增强城市的综合竞争力。

3.4 严格实施城市绿化管理

没有规矩不成方圆，没有管理不成系统，没有系统不显魅力。因此城市绿化风貌应通过政府的一些规范、规定、章法等来约束，严格管理，才能使绿化成为城市魅力所在。

国家颁布的《城市绿化条例》，对城市绿化的范围、内容作了界定及明确要求，在各个城市总体规划的中心城区有对城市绿线的规划控制，确定了城市绿地率、绿化覆盖率、人均绿地指标等内容，部分城市还做了《城市绿地系统规划》专项规划，以上这些相关规划在不同程度上体现了对城市绿化宏观管理的内容。如作为"花园城市"的新加坡在政府《开发控制手册》中对城市绿地绿化（如道路缓冲区、种植带、公共开放空间等）有详细的要求，并通过奖励建筑面积的方式来鼓励市民参与平台花园、屋顶绿化、阳台绿化与花架等绿化活动，确保绿地绿化规划在编制、审批、实施与公众监督等阶段能够有效实施。因此我们在进行城市绿地绿化的管理中，应明确管理责任与控制程序，形成任务明确、互相协助的有机管理系统；同时还应完善约束和监督机制，建立责任追究机制，加强公众对管理部门的监督，以保证城市绿化魅力的逐步形成。

4 结语

城市绿化风貌不但是人居环境评价的重要指标，是生态园林城市建设的主要内容，而且是城市形象的重要组成部分。它能够体现城市的生态特色，彰显城市文化个性，是城市魅力展现的载体。城市绿化风貌魅力目标的实现是城市绿化系统布局合理化、植物绿化遍及化、植物选择本土化、景观营造多样化、绿化管理有效化等综合作用的结果。因此城市绿化风貌魅力需要政府部门的严格管理、设计单位的用心规划、民众的积极参与等共同努力来实现。

参考文献：

[1]李金路，著；白伟岚，译.新加坡的公园和绿化规划[J].北京园林,2002（60）:44-46

[2]李铮生.城市园林绿地规划与设计[M].北京:中国建筑工业出版社,2006

[3]宋洋洋.天门市城市绿地系统规划研究[D].北京:中国地质大学,2012

[4]王浩，王亚军.城市绿地系统规划塑造城市特色[J].中国园林,2007(08)：90-94

[5]邬建国.景观生态学:格局、过程、尺度与等级[M].北京:高等教育出版社,2002

[6]吴庆书.热带园林植物景观设计[M].北京:中国林业出版社,2009.12-14

[7]张志君，袁媛.新加坡绿地绿化的规划控制与引导研究[J].规划师，2013,4（29）：111-115

城市公共交通风貌的魅力营造

吉受禄　陈养秀　李敏泉

（雅克设计有限公司）

21世纪是城市的时代，在众多城市寻求城市特色的背景下，城市风貌规划中对公共交通风貌的研究日渐成为各地政府和专业人士关注的热点。我们将通过研究各类公共交通风貌要素及载体，论述塑造城市公共交通风貌营造的路径和方法。

1　公共交通风貌要素

1.1　道路风貌特色

选取尼斯、戛纳、夏威夷等三个城市的典型道路为主要研究对象，探讨城市公共交通体系中风貌的特征及成功经验。

1.1.1　尼斯盎格鲁街

尼斯盎格鲁街（图1）长约2.5公里，沿街分布众多的高级旅馆、豪宅、专卖店、美术馆等，是集休闲娱乐、游览观光于一体的城市活力中心地带。该地带宽阔、开敞的散步大道既吸引了众多观光、散步的人群，也是众多马拉松爱好者的选择。散步道贯穿于餐饮、购物等商业空间中，与各类休闲活动共同营造充满活力的街道空间。自行车专用道，可以连续、无阻碍地进行骑行活动。同时将丰富的建筑前花园充分展现于道路景观视线中，构成重要的道路景观风貌。路面人行横道的斑马线相互错开，在中央绿带的结合处设置隔离护栏警示牌、信号灯等设施，标线明晰，充分保障行人的交通安全并增强海滨的可达性。盎格鲁街两侧各类标识牌、座椅、护栏等设施以白色、蓝色为主色调，造型端庄、典雅，与城市风格协调。

1.1.2　戛纳克鲁瓦塞特大道

克鲁瓦塞特大道（图2）拥有宽阔的海滨散步道，通过绿化带与机动车道隔离，形成独立、安全的滨海慢行空间，使这里聚集散步、休憩、骑车以及各类表演活动的人群。道路绿带种植以姿色鲜艳、树体粗壮、富有壮观气势的加拿利海枣和欧洲松为主；道路两侧的路灯、座椅造型纤巧，线条流畅，标识指示牌简洁

图1 尼斯盎格鲁街道路风貌——法国

图2 夏纳克鲁瓦塞特大道风貌——法国

明了;所有设施以蓝、白为主色调,与城市精致典雅的整体风貌极为协调。

1.1.3 夏威夷滨海街区道路

夏威夷卡拉卡瓦大道(图3)与著名的威基海滩一起塑造多数游人心中典型的夏威夷风情(碧海蓝天、椰树摇曳)。它汇聚世界著名的时尚品牌专卖店及大大小小的商店、饭店、酒吧、咖啡馆与各种娱乐场所,热闹繁华;具有自然、优雅、弥漫着浓郁的休闲度假气息特征。道路两侧绿地不讲究对称形式,而是与建筑空间相结合营造开放而丰富的多元慢行绿化空间,通过观赏植物高低错落搭配形成优美的天际线。街道的设施造型简洁、古朴,电话亭等一些设施还用鲜明的花卉图案形状营造浪漫风情;各种设施的色彩多为青灰、墨绿的冷色调,与夏威夷自然、原始的风貌颇为贴切。同时充分运用当地的火山岩装饰建筑立面、砌筑花池、堆砌假山等,使道路具有明显的地域特征。

1.2 交通工具风貌特色

城市公共交通工具主要指公共汽车、出租车、轮渡和城市轨道交通等。城市公共交通工具是一个城市独特流动性文化的载体,担负的远不止公共交通的功能作用,更成为传播地方文化、塑造城市形象的重要工具,是城市可识别的元素之

图3 夏威夷滨海街区道路风
貌——美国

一（图6～图12）。具有特色的交通工具风貌可以让公共交通工具在具有自身识别
性的同时，亦成为城市的风景线，与其他元素共筑城市风貌特色，展现城市精神
风貌。如果说城市色彩是城市环境形象的"名片"，那么城市公共交通工具就是
城市"流动的名片"。公共交通工具色彩属于城市色彩中的人工色和流动色，是
城市色彩风貌的重要组成部分，对塑造交通工具风貌特色有重要的作用。

1.3 站点设施风貌特色

站点地区既作为城市轨道交通的节点，兼具城市公共空间的功能，因此其规
划建设具有一定的特殊性和复杂性。作为交通节点，站点地区将汇集大量的客
流，为公共空间的塑造创造条件。站点具有三方面的意义:首先，站点是轨道网
络中各条线路的汇集点，实现网络内部之间的交通转换；其次，站点是城市轨道
交通系统联系城市其他公交系统的唯一途径，是城市轨道交通网与外部交通联系
的通道；再次，站点是列车与乘客交流的地点，由于城市轨道车辆在运行的时候
全封闭，站点就成为乘客与轨道车辆联系的唯一通道，因此站点作为人与车相互
联系的节点（图4）。妥善布局站点地区的交通设施和步行系统，对于站点地区
城市活力的提升具有重要意义。营造特色站点设施，比如广州佛山高明区西江新
城的城市公共交通各种标志的尺寸应规格化；结合路灯杆，设置在悬臂框架内，
框架应留有适当余地增减数量；候车车廊应有顶盖及供人小憩的座椅，在候车廊
适当位置发布广告；线路牌及线路图结合城市特色元素设计，并有照明，其形式
应简洁、轻巧，外形美观（图5）。

2 公共交通风貌魅力的载体

2.1 以交通工具作为风貌魅力的基质载体

2.1.1 公共汽车

公共汽车与居民和游客的日常出行密切相关，是展示城市形象的流动窗口和

图4 黄金海岸站点风貌示
意——澳大利亚
图5 毕尔巴鄂站口风貌示
意——西班牙

平台。公共汽车外观造型提倡简洁醒目、风格统一（图6），具有鲜明的地域性特色。比如滨海旅游城市可用水蓝、淡绿、明黄等中色调表达清晰、舒爽的海滨气息，整体形象与周边环境协调（图7）。公共汽车配套服务功能综合化，考虑设置垃圾箱、公交车线路图、市内地图及盲人摸屏等标识设施，对所有运营的车辆外观、服务标识、休息座椅、停靠站及站牌等进行风貌整治。

2.1.2 有轨电车

城市公共交通从有轨电车开始，在国内外经历了一个发展周期。从衰落到复兴，有轨电车走过了一条完整的生命周期，它的复生也是城市化进程的自然体现。在众多城市，有轨电车是中老年人对年轻时记忆的一部分，带有怀旧的心理，他们觉得如果有轨电车消失是城市的损失。而中国真正有这种城市记忆的地方不多，如大连的有轨电车是日本人在殖民时期留下来的。三条线路有轨电车功能定位不一样，两条线路用的是复古型的"街车"，单节、高高的车头挂着两个铃铛，交通功能在其次，主要是延续了城市的记忆；另一路是新的，是普通的有轨电车，通往郊区方向，与城市历史的延续并没有关系。上海有轨电车（图8）100年的历史是有中断的，在1908年到1978年间的70年中，有轨电车只在比较短的时间中占主导地位，却与城市发展历程紧密相关（图9）。所以，必须特别看重有轨电车（图10、图11）维护城市风貌的积极作用。

图6 巴黎公交汽车风貌示
意——法国
图7 日内瓦街道公交汽车风
貌示意——瑞士

106

图8 | 图9

图10 | 图11

图8 上海装载城市记忆的有轨电车——中国

图9 免费有轨电车——墨尔本

图10 有轨电车风貌——墨尔本

图11 有轨电车风貌——墨尔本

2.1.3 轮渡

曾经的千帆竞发，乘客船船满载的城市轮渡客运如今由于受到陆路交通强有力的冲击，已被逼迫到"逐渐淡出"的窘境。城市轮渡是依江傍水的城市为市民和游客提供一种不可缺少的客运方式，其发展方向要向高速化、舒适化、旅游化方向发展，从单一的客渡向多种功能服务转变，不断满足乘客以及城市风貌要求营造新颖和时尚的城市轮渡风貌（图12）。

2.1.4 出租汽车

出租汽车作为城市文明的窗口，是展示城市的新形象、新风貌（图13），是塑造城市公共交通风貌必不可少的重要部分。城市通过解决出租汽车脏乱差问题，对出租汽车车容车貌（图14）进行拉网式检查，并统一座套。提高司机素质，做到爱岗敬业、尽职尽责、文明服务，有利于提升城市精神内涵。

2.1.5 地铁、轻轨等客运交通工具

（1）地铁：地铁的建成，不仅缓解城市中心交通拥挤的状况，方便广大市民安全、便捷地出行，而且对于保持城市风貌，拉动城市经济的发展，具有十分重要的意义，给城市的经济发展带来新的气象。2005年南京地铁的建成，标志着南京古都划时代的公共交通风貌形成，不但拉动南京经济的发展，并且对南京新时期小康社

图12 毕尔巴鄂轮渡风貌示意——西班牙

图13 重庆出租汽车扮靓城市风景线——中国

图14 纽约出租汽车风貌——美国

会的全面建设起着重要推进作用。通过欧美各国的城市轨道交通建设成功的经验我们得知，地铁站往外延伸一下，实际通到很多商业中心或者商务、住宅中心。例如巴黎（图15）、伦敦（图16）、那不勒斯（图17）、蒙特利尔，他们的很多大型商业中心业态和地铁是互动的。在加拿大蒙特利尔，10个地铁站和两条地铁线与30000平方米的地下通道、地下公共广场、大型商业中心相连接，地铁商业区已经扩展成为商业和社会文化中心。地铁站的形式丰富多彩，在装修的处理上，也极其大胆，材料的运用、色彩的处理等方面有其独到见解，充分体现了车站的个性，并且能够较好地处理建筑与城市空间的纹理与脉络。

（2）轻轨：现代城市因人口过度集中而产生严重的交通拥堵问题，而轻轨交通凭借其投资少、运量大等优势应运而生。高架轻轨交通应充分考虑沿线区域的实际情况，以不破坏原有的特色景观和城市风貌的前提，如吉隆坡轻轨（图18）使高架线成为新的城市景观元素，为城市空间作出贡献；武汉的轻轨（图19）通过轨道高架桥体自身的协调以及与周围环境的协调两方面入手从而解决轻轨高架

线带来的景观问题。高架轻轨作为新的城市景观元素，应从宏观到微观对其进行层级控制，其选线应慎重选取。同时，高架轻轨设计也应成为城市设计的一部分，使之真正融入城市的整体风貌之中（图20）。

图15	图16	图17
图18	图19	图20

图15 巴黎地铁风貌——法国
图16 伦敦地铁风貌——英国
图 17 那不勒斯地铁站风貌——意大利
图18 吉隆坡轻轨风貌——马来西亚
图19 武汉轻轨风貌——中国
图20 彩绘涂装轻轨风貌——日本

2.2 以门户节点作为风貌魅力的空间载体

2.2.1 空港门户风貌

以国际机场为核心的空港新城日益凸显其重要地位，"机场创造城市"、"机场是城市的窗口和形象的代表"为越来越多人所共识。加强机场的整体结构形态、空间轮廓、视线走廊、开放空间、建筑色彩等控制要素的综合考虑。既要凸显特色又要整体协调，周边环境与机场空间的有机延续和有序拓展，从而达到展示国际化城市形象的目的。如以较大体量建筑为主，建筑造型突出简约、时尚与现代感，强化视觉效果，沿机场道路的建筑要突出城市风貌展示以及通过第五立面展示空港门户风貌特色，以塑造整齐的线性景观界面。如迪拜机场（图21）空中鸟瞰的画面，即为现代化背景下的阿拉伯风貌。机场配套有现代化的商业城、物流城、住宅城、杰贝阿里港、高尔夫球场、企业园区、医疗教育和研究的多功能中心、酒店等。塑造具有地域性特色的城市空港门户风貌，空港片区建设应依托周边地势地貌。突出各自主题特色，进出机场的路口通过精细的植物设计形成景观亮点，设置具有城市地域性公共艺术构筑物，借势城市综合服务发展轴，打造空港门户风貌，同时注重和培养机场员工高尚的品质，从另一个侧面展示了城市的精神风貌。

图21 迪拜国际机场——阿联首

2.2.2 海港门户风貌

城市港口、码头属于城市重要的节点，营造良好门户形象对塑造城市公共交通风貌有极大的作用。塑造城市港口和码头风貌，通过优化海港空间结构、结合城市公共交通风貌因素、利用构建标志性天际轮廓线来营造优美的海港门户风貌。在城市中充分考虑区域内山、海、城之间的关系，塑造进入城市核心区"门户"形象，强化"海港、风景旅游"城市主题。创造出山海城交融，自然与人共生、共荣的山水城市海港门户风貌，如伊丽莎白港（图22）。海港门户景观环境的塑造是城市环境质量的重要标志，重视分析公众在城市开放空间的活动与感受，有机组织海港码头、建筑群、船与海的空间关联，才能形成高品质的海港门户特色环境质量。如悉尼港（图23），人们可以选择各种档次和航程的渡船、游船，来欣赏悉尼这一世界最大自然海港的美丽景色，同时也是最繁华的游客集散中心点。巴塞罗那威尔港口（图24）有个半圆形的海湾，原来的酒店在这附近，以前的旧海港，现在用来停泊船，周围是娱乐中心，形成了具有地域特色的海港门户风貌。海港风貌要结合实际制定海港周边建筑屋顶、墙面、材质、色彩等建设控制要素。

2.2.3 公路门户风貌

城市的公路门户，往往会给外地游客留下深刻的第一印象，在塑造门户风貌过程中结合城市总体规划确定快速路网和独特的城市格局，分别以种植大量的特色乔灌木、改造道路两侧建筑景观、设置特色的雕塑或构筑物等方式，重点打造公路的出入口、收费站、加油站等节点。高速公路建设应加强沿线景观风貌的保护，要重视自然基质的和谐统一，研究"廊道风貌规划模式"，以便将沿线自然、人工、人文风貌资源有机整合（图25），形成高速公路风貌走廊。在优美的地段设置观景平台，开阔地段可考虑修建汽车旅馆，大型高速公路出入口可考虑修建

图22　伊丽莎白港风貌——南非

图23　悉尼港风貌——澳大利亚

图24　巴塞罗那威尔港口风貌——西班牙

度假别墅群、视线开阔处设置景观地标，沿途可开辟观光农业、护坡艺术画廊等。城乡公路门户营造注重对两侧乡土景观的保护和利用，尊重原有地形和植被，尽量减少破坏；注重整体的美感，强调对周边环境的保护，并与之较好地融为一体；公路景观尺度大、简洁明快，不拘泥于细节（图26），以满足一闪而过的快速观景需求。

111

图25 琼海嘉积公路门户风
　　　貌——中国
图26 琼海嘉积公路门户风
　　　貌——中国

3　城市公共交通风貌营造路径

3.1　城市公共交通风貌廊道要求

应用"城市故事论"，寻找城市公共交通的叙事空间，结合城市"出入口门户、入口广场、重要交通节点"的交通意象，构建清晰的城市"叙事"路线：先从城市入口、沿着城市快速路，转城市重要交通节点，后转城市街区，在此路线上分别营造城市公共交通主题风貌。强调传承城市地域空间特色，如三江城市入口广场以"凉事迎宾"为主题，城市大门以"侗族聚居区的南大门"为主题，设置汽车维护站、旅游服务中心等功能，三江桥头广场体现侗族风雨桥的形象及设置桥亭的特点。

城市公共交通风貌廊道应提高廊道绿化标准，重视道路绿地率、树种质量、植物配置等方面的提升；提高各类廊道风貌设施建设标准，强调其系统完整性及景观艺术性；加强交通秩序引导，注重人性化的慢行廊道风貌塑造。

通过对城市公共交通整体风貌的分析研究，确定城市公共交通整体的风貌控制系统的构成要素，包括重要道路景观廊道、道路游径、景观地标道路、重要街道空间、视线通廊以及重要道路开放空间，并对各要素提出规划控制。营造高品质、具有独特气质的城市公共交通风貌廊道；通过加强对沿线建筑、开放空间的景观塑造和特色挖掘，改善交通组织和绿化设计，完善道路"街道家具"，凸显文化内涵。

3.2　城市公共交通风貌核要求

城市公共交通的风貌核主要包括机场、火车站、汽车站、海港、码头等重要的交通枢纽。对不同的城市，根据城市的地域特色挖掘城市文化元素。塑造良好的入口和中心景观：通过对入口和中心区域的重点交通节点塑造，彰显生态、活力、热情的城市公共交通风貌核。

道路景观节点突出景观的可识别性，通过地标等某种元素形成场所的核心，强化节点空间的识别性，协调与周边建筑、广场、公园的空间关系，形成相互联系而融合的空间；节点景观的形态、色彩、尺度与周边环境呼应而成一体，共同构成城市的公共空间。

营造城市门户，扮靓城市窗口，梳理空港、海港客运站、火车站广场、长途客运站周边建筑和景观要素规划，构建丰富的城市建筑轮廓线；同时塑造城市公共风貌核应注意公共交通周边组成节点的建筑群风格、色彩、形体组合和空间，体现城市公共交通风貌特色；门户处的公共艺术作品具有反映地方文化特色和风土人情的功能，与周边环境有紧密联系，融入地域文化特色，并具有一定的视觉形象，使之成为该地区的一个焦点和象征，充分展现城市的风貌特征。按照对公共交通风貌核的要求，本着弘扬地域文化特征、强调与环境的融合以及环保节约，通过改善城市门户景观，达到强化门户形象、提升对外形象的目的，使之成为景观独特的标志物，彰显城市特色。

4 结语

塑造富有特色与活力的城市公共交通风貌，是规划建设者的重要工作目标。城市公共交通风貌的营造和规划就是要随着城市的发展，对城市的交通功能和景观感受进行调整和提升，使之既能够适应城市公共交通发展的要求，又赋予城市公共交通特有的风貌特色和魅力个性，城市公共交通风貌是一个新陈代谢的过程，是各种要素重新组合、有机更新的过程，它需要我们以科学的精神、专业的素质、美学的追求去构建。

参考文献：

[1] 海南省住房和城乡建设厅，雅克设计有限公司.海南国际旅游岛风貌规划导则[M].海口：
海南出版社，2011:115

[2] 李敏泉.城市特色资源与城市风貌 —— 兼论来宾市城市风貌特色研究[A].雅克设计机构.
研究实录(雅克论文选1992-2012年) [M].北京:中国建筑工业出版社, 2012：66-79

[3] 李敏泉.特色·标志·个性 —— 关于21世纪"城市特色"的理论思考[A].雅克设计机构.研
究实录(雅克论文选1992-2012年) [M].北京:中国建筑工业出版社, 2012：29-35

[4] 李军.公交设施建设对城市公共空间的影响[J].城市规划,2008,(6)

[5] 丘连峰,邹妮妮.城市风貌特色研究的系统内涵及实践[J].规划师,2009,25(12)

[6] 西尔克·哈里奇.创意毕尔巴鄂：古根海姆效应[J].国际城市规划,2012,27(3)

[7] 夏艳生.城市公共交通工具的色彩及其规划[J].城市问题,2012,(5)

[8] 曹国华.交通引导发展理念下城市交通规划研究：以江苏省为例[J].城市规划,2008,(10)

[9] 地铁站地下空间人性化设计探索[D].武汉：武汉理工大学,2007

[10] 王贤.城市公共交通与城市形态的互动关系研究:对无锡城市规划的启示[J].城市规划,
2007,(7)

城市公共艺术的风貌魅力及当代取向

张丝路　李敏泉

（雅克设计有限公司）

公共艺术概念是从"Public Art"一词直译而来，是"公共"和"艺术"联结而来的复合词。城市"公共艺术"更多地指向一个由西方发达国家发展演变的、强调艺术的公益性和文化福利，通过国家、城市权利和立法机制建置而产生的文化政策。

这种文化政策在西方国家早期的体现形式更多的是依附在建筑上的装饰艺术，而近现代城市美化运动和城市文化与公众文化的新需求则促进了这一文化政策范围与内涵的发展与流变。

1　城市公共艺术的溯源

1.1　依附在建筑物上的艺术

1.1.1　魏玛：建筑物艺术的诞生

纵观欧洲的历史传统，建筑与雕塑一直是不可分割的孪生兄弟。德国魏玛共和时期（1918—1933），共和国宪法明确规定：国家必须通过艺术教育、美术馆体系、展览机构等去保护和培植艺术。政府将"培植艺术"列入宪法，用意是帮助第一次大战后陷入贫苦境遇的艺术家们。魏玛共和国在1928年首度宣布，让艺术家参与公共建筑物的创作，此政策使艺术家能够参与空间的梅花灯公共事务。20世纪20年代，汉堡市也推行了赞助艺术家的政策，透过公共建筑计划措施帮助自由创作的艺术家有机会从事建筑物雕塑和壁画创作，以度过当时的全球经济危机。

1.1.2　汉堡：建筑物艺术的延续

德国汉堡市"建筑物艺术"的设置和执行具有悠久传统，这里的户外艺术最早可追溯到中世纪。数百年来，汉堡的城市面貌不只是受益于建筑物和城市规划，同时户外艺术也为城市面貌注入了活力。此三者成为汉堡市城市发展的助推器。汉堡市的建筑物、城市规划和户外艺术既是城市发展的形象需求，也是市民的自觉要求，更是城市形象的名片，透过古迹和城市艺术品，人们可以重新审视这个城市的精神面貌。

二战后，在艺术团体的压力下，汉堡政府于1952年开始执行"建筑物艺术"的政策，规定至少百分之一的公共建筑经费用于设置艺术品。

1.2 城市美化运动

1.2.1 巴塞罗那：公共艺术奠定艺术之城的地位

1820年以前，巴塞罗那是一个缺少公共空间的城市，公共空间中的艺术品更是凤毛麟角。市民对公共空间艺术的需求最终引发了1860年《塞尔达规划案》的实施。

巴塞罗那经改造完成了棋盘式城市布局，初现现代城市格局，相应的公共空间尤其是公共空间艺术品的匮乏日益凸显。为了迎接1888年巴塞罗那市第一次举办万国博览会，巴市加快了城市美化的步伐。1880年巴塞罗那通过了《裴塞拉案》，从国家的利益出发，指出建筑具有政治利益，所有的公共建筑物具有代表国家（地方）形象的作用，让民众欣喜，让商业兴隆，让人民引以为荣。在这种意识的主导下，城市注重地方形象，开始大量从事文化建设，其中重要手段就是在城市公共空间设置艺术品，而衍生出来的文化政策相继出台。这个法案最终促成了巴塞罗那的公共空间及雕塑品创作的第一个高峰期，奠定了巴塞罗那艺术之城的基础。（图1～图3）

1.2.2 华盛顿：将艺术植入城市肌体

同时期美国首都华盛顿1900年迎来建城百年纪念活动，以此为契机提出了城市改造规划。它使众多市民对公共设施发生了兴趣，城市面貌成了热门话题。由此发起的"美化城市运动"试图在城市人群中建立归属感和自豪感，使普通人的道德观念良性发展，他们向欧洲学习，将艺术植入城市肌体，大大提升了城市的文化形象。

1.3 百分比艺术登场

美国政府在它的建设预算中调拨一部分经费用于艺术品并不是新生事物，在"建筑物艺术"的时代，建筑师和艺术家们设计的建筑装饰（如浮雕、壁画）被认为是建筑物必需的附属品。但在1927年的华盛顿联邦三角区项目中，邮政部大楼建筑预算的2%划分给了装饰它的雕塑，司法部花费28万美元用于艺术装饰，国家档案馆亦为艺术品花费了预算的4%，三个项目的艺术品超越了建筑附属品的范围，这些项目开启了公共艺术百分比政策的先河。（图4—图5）

快速发展的20年代，为联邦建筑物所购买的艺术品被视为经典设计的必要组成部分。从公共艺术政策的角度看，"百分比艺术"的概念可以追溯到1933年罗斯福总统推行的"新政"和财政部的《绘画与雕塑条例》（始于1934年）。条例规定联邦建设费用划分出大约1%用于新建筑的艺术装饰。

	图2
图1	图3
图4	图5

图1　巴塞罗那城区内的雕塑
　　　之一

图2　巴塞罗那城区内的雕塑
　　　之二

图3　巴塞罗那城区内的雕塑
　　　之三

图4　华盛顿邮政部大楼前的
　　　雕塑

图5　华盛顿司法部大楼上的
　　　浮雕

　　　1933年，罗斯福总统推行"新政"，由政府出面组建"公共设施的艺术项目"机构，请艺术家为国家公共建筑物、设施、环境空间创作艺术品，这项由WPA（Works Progress Administration）主持的联邦艺术方案，可以看做国家公共艺术政策的雏形。

　　　二战后，随着美国国力的增强，大批艺术家定居美国，使美国成为世界现代艺术的中心，国家政治、经济、文化的发展，提高了人们对生活品质的追求。1954年美国最高法院宣告：国家建设应该实质与精神兼顾，要注意美学，创造更宏观的福利。这项具有前瞻性的宣言真正将公共艺术纳入到城市的整体需求之中，提升了公共艺术的城市职能。

2 城市公共艺术的发展

2.1 百分比艺术的延展

1959年费城批准了1%的建筑经费用于艺术的条例，成为美国第一个通过百分比艺术条例的城市。此条例将费城再开发部门的一个现存政策编订入册，即从50年代末开始，在改建修复的项目合同中一直包括了一个附属规定，要求不少于百分之一的建筑预算拨给艺术。这个合同所指的艺术是宽泛定义的艺术，除雕塑与壁画外，艺术也包括一系列附属设施，如地基、墙面质感、马赛克、水池、柱子、栏杆、地面图案等。这个计划赋予公共空间以个性化标识。百分比艺术规定既不是给艺术家的特殊利益，也不是给现代艺术的补助，而是用于强化费城市区个性的符合公共利益的项目。

这个由于艺术家协会的努力游说而建立的市政条例，使百分比的规定扩展到办公室、桥梁、广场等公共设施，艺术的类别也包括了浮雕、彩色玻璃、喷泉以及壁画和雕塑。（图6~图8）

1964年，巴尔的摩继费城之后，制定了地区性百分比艺术政策。和费城一样，巴尔的摩的法规也是由艺术家协会发起并促成的，但它的理念远远超出了艺术家的圈子，市议员多纳德·契弗致力于推动该法案，认为它对城市的发展至关重要。他将之描绘成一个城市在审美上是否出众的标尺。

1967年，旧金山也接受了百分比艺术法案。旧金山的公共艺术计划力求通过建设具有多样化、激励性的文化环境来提升市民、观光者的生活品质。由此，百分比艺术政策在美国得以广泛推广。

图6 费城艺术博物馆前的雕
塑之一
图7 费城艺术博物馆前的雕
塑之二

2.2 公共艺术的初步转型

20世纪60年代末，托尼·史密斯等艺术家开始崭露头角。他们开始注重把城市和区域的特性融于作品之中，材料和表达的方式千差万别，公共艺术迎来了从"移植"到"生长"的初步转型。

图8 费城艺术博物馆屋檐上的浮雕

20世纪70年代的西雅图及其所属的国王郡是地景艺术重要的实验基地。这一艺术形态使公共艺术形式从"物品"转而进入"空间"。艺术家们提出艺术不仅"介入"空间，艺术本身就是"空间"，艺术还是空间中的行动和文化事件的孵化器。此观念对后续公共艺术的发展有不容忽视的影响。如在西雅图的煤气厂公园中，设计师从已有的元素出发进行设计，而不是把这些资源、元素从记忆中抹去。经过有选择的删减后，剩下的工业设备作为巨大的雕塑和工业遗迹而被保留了下来。传统的审美观念在此被完全颠覆，锐利、冰冷、锈迹斑斑的工业景观，展示着沧桑、另类的美。（图9）

图9 美国西雅图的煤气厂公园

119

3 当代公共艺术的价值取向

3.1 当代公共艺术的内涵和价值取向

3.1.1 核心价值在于其公共性及社会属性

一方面，公共艺术代表了一种愿望，试图以乌托邦的形式和场所强化观众对于艺术品、环境乃至世界的体验；另一方面，它又潜在地担当着现代主义的重任，试图颠覆和质疑各种固有的价值观和偏见。——维维安·洛弗尔

图10 巴塞罗那米罗公园广场的雕塑"女人和鸟"，作品以彩色瓷片镶嵌而成

公共艺术首先作为一种艺术存在，它的艺术形式包括有雕塑、壁画、浮雕、地景艺术、装置艺术、艺术活动等。但这些只是公共艺术的一种表现载体，并不能完全涵盖公共艺术的当代意义。公共艺术作为当代文化表现的形态之一，其核心价值在于它具备公共性，在于它能够使存在于公共空间中的艺术在当代社会意义和文化意义下与公众产生联系。(图10)

公共艺术能够登上艺术的舞台并一直发展到现在，是有其必然性的。西方文艺复兴后，艺术开始获得自觉，逐渐开始强调自身的独立性，这时候艺术可以凸显艺术家的个性，可以突出艺术作为精神活动的个人价值，但随后也产生了一些问题，比如艺术无法有效地与公众沟通，艺术与社会、生活的脱节等。后现代主义产生后，艺术家们开始重新重视艺术与社会的关系，开始打破艺术与生活的界限以及不同艺术门类之间的界限，让艺术重新回归到公众的视野中。

公共艺术是代表了艺术与社会关系的一种新的艺术。它突破了传统艺术的内容和形式的框架，超越了纯粹的理性或美学的涵义，将社会属性放在了首要的位置。公共艺术以艺术为载体介入公共领域，引导公众价值的改变，同时反省或建构人与环境、人与人之间的关系。这种建构或反省不仅仅是提供简单的符号程式或教化，它需要经由人、公共艺术、环境和时间四者的磨合，实现对社会文化价值的批判、质疑和思考。

3.1.2 强调文化价值和"公共"概念

城市公共艺术不等同于一般的城市的景观环境，它更强调以文化价值为出发点的环境营造。日本著名公共艺术策划人南条史生说："一位优秀的艺术家并非仅是只做美丽的设计作品，他们还经常在作品中注入某些讯息。一件作品如果将摆设于公共场所，艺术家会考虑到作品与摆设空间结构之间的对应，并重视历史文化脉络，甚至会反映环境问题等时代思想。艺术家将作品以兼顾美感及设计感的方式表现出来，仅是他们为了传达讯息的表现手法。"

公共艺术可谓一种手段，那就是实践并形象化，透过这种手段去呈现艺术本体的根本质问。从事公共场所的艺术创作时，必须非常重视与公众的对话。由于当代艺术的多样性及人与人交流空间的转变，例如多媒体艺术、网络空间的存在，公共艺术的形式和载体更加丰富多元。对传统艺术的反叛与继承，对生活的融合，对客观世界和人类生存发展的思考，对艺术媒介的广泛试验和探索都反映在一种新的艺术理念上。公共艺术之所以是"公共"的，绝不仅仅因为它的设置地点在公共场所，是被大众共同接受的物品，更是因为它把"公共"的概念作为一种对象，针对"公共"提出或回答问题，因此，公共艺术就不仅是城市雕塑、壁画和城市空间中物化的构筑体，它还是事件、展演、计划、节日、偶发或派生城市故事的城市文化精神催生剂。

3.1.3 回归日常生活是公共艺术的实质意义

大众可能成为公共艺术"发生"过程的一部分，只是他们每个人只保留了一段乐谱，这段乐谱有可能在组装后形成艺术的整体，也有可能仅仅是一个片断性的乐思或者动机。策划人或艺术家是乐队的指挥，负责串联这些乐章，并使它反映时代的色彩。在作品呈现的时候，大众往往会惊喜于自己的片断被放大并呈现于公共视野，乐章之间的质疑和对抗使艺术家的创造有一种颠覆色彩。而且，作为被放大了保存形式的艺术，公共艺术的内质还是艺术家思想，而艺术家为了保存这段思想，往往做了策略上的让步。这个过程往往是艺术家的公共艺术的"发生"过程。如位于芝加哥千禧公园中由西班牙艺术家Jaume Plensa设计的皇冠喷泉，它就是两座相对而建的、由计算机控制15米高的显示屏幕，交替播放着代表芝加哥的1000个市民的不同笑脸，欢迎来自世界各地的游客。每隔一段时间，屏幕中的市民口中会喷出水柱，为游客带来突然惊喜。喷泉抛却传统的公共雕塑功能，而让原本静止的物体与游人一起互动，赋予了雕塑新的意义。（图11）

公共艺术存在于对人类文化、城市自身、社会主体——人的"生存价值"的思考。或许，艺术回归社会，回归人们的日常生活，并时时刻刻影响人们的价值取向，让公共生活变得丰富多彩，才是公共艺术的实质意义。

图11 位于芝加哥千禧公园内的皇冠喷泉

3.2 当代公共艺术的形态特征

当代公共艺术在形态上呈现出动态发展的特征。由于当代艺术的多样性及人与人交流空间的转变，例如新的信息传播方式、多媒体艺术、网络空间的存在，是使公共艺术的形式和载体更加丰富多元。相较于将传统的公共艺术以"品"的方式静态设置在城市的公共空间，当代公共艺术更重视其文化属性，强调"生长"的过程。因此，公共艺术就不仅是城市雕塑、壁画和城市公共空间中物化的构筑体，它还是事件、展演、互动、计划或诱发文化"生长"的城市文化的起搏器。

俄罗斯街头艺术家 Nikita Nomerz 通过涂鸦将多个城市包括他的家乡Nizhniy Novgorod的废弃建筑物转化成独特的街头艺术作品。这些都市残骸、树干和荒废的建筑物通过转化变成了充满个性和趣味的艺术作品。Nomerz通过他的画笔重新诠释了这些一度被废弃的东西，为它们注入新的生命并再次为城市增光添彩。（图12—14）

图12 废弃工厂设备转化而成的艺术作品

图13 废弃建筑物转化而成的艺术作品

西班牙艺术家Jaume Plensa设计的"Wonderland"系列雕塑由2个公共艺术品组成。一个是位于加拿大卡尔加里市中心Tallest大厦门口的"Massive New Head"，它高达39英尺，由钢铁铸造，原型是一个真实小女孩的头像。雕塑有两个入口，游客可以走进去参观。另一个是位于英国约克郡雕塑公园的"Alberta's Dream"，由青铜铸造，原型是Jaume Plensa的自画像。（图15、图16）

图14 树干残骸转化而成的艺术作品

法国设计师Arnaud Lapierre设计并与AUDI公司合作完成的装置"环"。作品将一系列镜面立方体组合成一个环形，特殊的光学效果创造了一种超现实环境，投射其上的建筑物和人被无数的反射镜面和尖角所扭曲变形，其意在粉碎并重组人与广场之间的正常关系。"环"装置高5.5米、宽4米。（图17）

2012年6月16日，巴西圣保罗夏季时装周的一场时装秀在圣保罗一个垃圾场举行，在吸引人众目光的同时，也充分体现了公共艺术在当代社会中形态特征的多元化。（图18、图19）

2004年10月20日是法国19世纪大诗人阿尔蒂尔·兰波诞辰150周年的纪念日，

图15	图16
图17	图18

图15 "Wonderland"系列雕塑之"Massive New Head"
图16 "Wonderland"系列雕塑之"Alberta's Dream"
图17 装置"环"作品
图18 圣保罗垃圾场时装秀之一

图19 圣保罗垃圾场时装秀之
二

图20 奥特马尔·霍尔制作的
由800个兰波头像组成
的复杂的广场装置

德国艺术家奥特马尔·霍尔制作的由800个兰波头像组成的一组复杂的广场装置被安放于其故乡夏尔维尔的中心广场上。作品无论从数量、形式、属性等方面都有别于传统，特别是除其所具备的艺术价值外，更重要的文化价值表露无遗，发人深思。（图20）

参考文献：

[1] 王中. 公共艺术概论[M]. 北京：北京大学出版社，2007

[2] 翁剑青. 公共艺术的观念与取向——当代公共艺术文化及价值研究[M]. 北京：北京大学出版社，2002

[3] 孙振华. 公共艺术时代[M]. 南京：江苏美术出版社，2003

[4] 杨文会. 公共艺术的审美价值与非审美价值[J]. 雕塑，2006

[5] 王葆华，杨豪中，张斌. 浅谈城市公共艺术的美学价值[N]. 西北大学学报，2011

[6] 刘易斯·芒福德. 城市发展史——起源、演变和前景[M]. 北京：中国建筑工业出版社，2005

[7] 王向荣，林菁. 西方现代景观设计的理论与实践[M]. 北京：中国建筑工业出版社，2002

城市风貌视域下的公共设施设计构建研究

李文嘉（同济大学）

　　城市公共设施设计是城市环境与人互动的载体，在这个复杂的城市有机体中，公共设施设计仅从使用功能与美学的角度研究是不全面的。当把公共设施放在城市景观体系下进行研究时，公共设施不仅仅为了满足人的使用需求，更体现着对城市空间的构成与支撑，对城市空间系统性的完善以及对城市构成要素的整合性的思考。公共设施在城市空间中的重要地位是不可取代的，优秀的公共设施关注人与环境的关系并能完善城市的服务功能，同时也代表着城市的精神与灵魂。

1　城市风貌与公共设施关系解析

　　在《说文解字》中"风"指八风，八个方位有其特定的风的属性。"貌"在《辞海》中指外在仪表和形象、外观、神态等。城市风貌是指城市在不同时期历史文化、自然特征与市民生活的长期影响下，形成的有形的实体环境属性和无形的精神面貌特征。在《易·系辞》中，"形而上者谓之道，形而下者谓之器"是代表我国最早的哲学思想论断。本文中所指代的"风"和"貌"两个辨证统一体反映的是精神层面的"道"和物质层面的"器"的关系。"形乃谓之器"，"器"是人可见的物质的具体形态。"道"和"器"是相互联系和转化的，最终达到动态平衡统一的状态。

　　城市中城市风貌的差异使城市更具特色与辨识度，而公共设施作为城市生活和文化状态表现的重要载体，同时也承担着塑造城市地域感与可认知感的隐性功能意义。良好的公共设施设计不仅是满足功能的物质形态载体，而应成为城市的精神投射载体，通过物化的精神满足城市人群精神层面的城市文化意向需求。公共设施设计在城市空间塑造中属于城市结构中的重要组成要素，需要融入整个城市的设计系统。在公共设施设计日渐文化荒漠化的当下，良好的公共设施设计有助于保护城市文化脉络，培育城市归属感与认同感，延续城市记忆。因此，在公共设施的设计中可以从城市风貌入手，并遵循"貌由风生"的设计思路。

2 当下城市风貌视域下公共设施 "风" 的缺失

2.1 "千城一面" 与 "文化失忆"

随着城市化进程的逐步加快，原本经历时间积淀后应拥有独特风格与特质的城市，却如同格式化般生长并呈现出高度的趋同化面貌，这种"千城一面"的灾难正在扼杀城市的灵魂。在公共设施设计层面由于缺乏城市风貌的影响与引导，设计观念单一外加在生态、环保、审美上放之四海而皆准的设计原则，导致不论是设计师还是普通市民都不得不每天面对千篇一律的城市公共设施，零碎的文化记忆使人与空间的关系发生割裂。面对诸如此类的问题，在公共设施设计领域亟需加大在城市风貌特色方面的研究，挖掘文化的丰富性与复杂性，有什么样的文化传统应该投射出什么样的设计面貌，提高公共设施的精神价值，在文化传承层面在继承与创新之间找到平衡点，在传统的理论基础上深化拓展并从更深层的文化美学上寻找交融点。

2.2 传统手法的欠缺

传统文化的精髓在城市中不仅仅体现为一种设计思潮，而更多地体现为东方智慧的结晶。在公共设施设计层面，设计不仅是充满意味的传统符号或者传统工艺，更应当体现在生活方式、生活习惯以及生活哲学、社会礼仪、情感等层面。西方设计各种风格流派的产生是源自西方变革的进程以及对政治、经济、生活的综合思考，单纯借鉴西方设计理念不扎根于中国传统手法的设计，也就意味着用西方的哲学与生活态度来蚕食中国的传统与生活方式，久而久之，设计便会成为无源之水、无根之木，而一个缺乏文化生态的国家也就意味着逐渐丧失了民族的自我净化与更生能力。古代的儒家思想所崇尚的和谐之美与天人合一的哲学核心思想为当代设计提供了智慧思考角度，设计中应充分考虑传统，但传统不是静止意义的，而是在各种社会互动中被创造演进的。

2.3 与区域环境相协调的缺乏

城市公共环境是一个系统，系统间相互依赖，彼此作用，每一个公共设施都是城市公共环境空间的一部分。目前许多城市公共设施缺乏系统性，其中的重要原因是管理分散且缺乏风貌规划引导。在管理层面，候车亭的管理权在公交公司，垃圾箱等卫生设施的管理权在环卫局，路灯等照明设施的管理权在电力局……只有极少城市如北京、上海近年开始由市容景观处统一管理，这项管理举措及其规划办法有效改善了设施与环境的不协调，经验值得其他城市借鉴。城市公共空间环境中每一个设施的存在都必须与区域环境有明确的关系，需要建立明晰的个体特征及整体的场所归属感，公共设施并不是一个孤立的个体，必须要注意个体间特质的统一，将个性融入共性之中并与区域环境的风格相协调，方能强调空间中的动态视觉形象与连续美感。

3 基于城市风貌特色的公共设施"貌"的塑造

设计之道是精神，形式应精神而生，优秀的公共设施设计是凝聚城市风貌并承载文化与时代主流价值观的艺术，因此，公共设施设计"貌"的塑造要从历史文化维度、自然维度、功能维度、序列维度、生态维度以及艺术特色维度六个方面进行思考。

3.1 历史文化维度

中国有句古语"一方水土养育一方人"，城市的风貌因城市文化的差异展现出不同程度的外在表现，因此形成了庄严大气的北京、多元包容的上海、温情精致的杭州等不同的城市面貌。每一座城市的历史文脉都是无法拷贝的，公共设施在设计过程中必须尊重历史并将其置于城市深层次的文化特征背景之下，挖掘并甄别与城市性格一脉相承的吻合特质，从特定地域中凝聚隐含着当地人深厚情感的特有文化元素入手挖掘灵感，如遗迹、文物、绘画、文献、传说、民谣等历史积淀元素，通过设计构建公共设施使用者的集体回忆与城市形象身份认同，隐喻时代精神与观念，传递历史文化与风俗民情，超越静态组合赋予时空互动的深刻

图1 北京前门步行街拨浪鼓形及鸟笼形路灯

意义。图1为改造后的北京前门大街的"拨浪鼓"形路灯。拨浪鼓作为古人走街串巷叫卖货物的工具，是我国古老的玩具之一。"拨浪鼓"元素运用为街道两侧的现代照明设施，再现了老北京建筑文化、商贾文化、会馆文化、市井文化集聚地的古韵。

3.2 自然维度

自然地理条件是形成城市风貌特色的基础条件，城市公共设施与自然间并无截然的界限，而是起着空间的调和与过渡作用。公共设施作为城市环境的一部分并不是孤立于环境存在的，面对着树木草地、林立高楼或者江河湖海，公共设施置身于变幻的四季轮回之中，不同地区具备不同的地形地貌与地理环境等资源特点。公共设施设计要顺其自然并因地制宜，充分考虑气候要素、场地关系、地貌特征（图2），并关注人们在室外环境中的行为特点与自然，尊重自然并充分融合到城市区域整体景观中，彰显地方特色。

3.3 功能维度

美国著名城市评论家雅各布斯认为城市是"错综复杂，使用多元化的"。人在城市中的活动通常围绕居住、工作、交通、游憩四大功能展开，随着城市功能的逐渐深化，公共设施的设计也伴随着城市功能的细分在不同区域产生了功能差异。在区域功能的主导下，公共设施的适用人群与设施本身的私属性级别存在巨大差异。因此公共设施设计要根据住宅区、商务区等具体用地属性进行，高品质的公共设施设计延长市民在公共环境中逗留的时间，并满足人们私密性、归属性、安全性等不同的心理需求。在居住区的公共设施设计要更多体现室内功能的室外化以及私属功能的公共化（图3）；居住区空间布置得宛若室外起居室，像家园一样温馨，市民的生活因此而变得温馨惬意，充分体现了城市对人的关怀；在商务区的公共设施设计则需要充分考虑人与人交流互动的可能以及休憩需求，公共设施融汇人际脉络满足人际的聚合力（图4）。只有充分考虑各功能才能塑造出

图2 与环境巧妙结合的候车亭设计

128

图3 居住区公共设施设计

图4 工作区公共设施设计

适用的有人情味的空间，只有人的参与，设施才具有其动态的灵性和价值。

3.4 序列维度

在城市风貌整体塑造过程中，不同区域对建筑、景观、公共设施的主从关系均有不同层级的要求，一个高度可意象的城市需要城市上述构成要素的张弛有度与清晰连接。在这个过程中要把人的感知需求放在首位，以人的活动为主线串联各景观要素。城市意向如同中国画似的移步换景，但要注重个体公共设施设计与整体空间环境功能布局关系，要素间必须充分协调、主次分明。与此同时，公共设施间的相互配置要把握配置方式的主题结构，公共设施传达主题要求，注重整体空间序列，以家族群体为基础单位形成相应的价值判断，有时同类相聚，有时则异类相间。

3.5 生态维度

随着全球对资源环境的保护意识的不断加强，有关资源保护的新理论、新技术、新设计观念也在不断地提出和实施。任何产品的生产与消费都要涉及资源问题，公共设施也不例外。公共设施设计必须致力于形成优化的人类——环境系统，关注生态生境思考，展现人类与环境的共生，实现人与自然环境更新与更高层次的平衡，这无疑属于设计观念上的变革。

（1）有机自然观：公共设施设计应顺应自然法则，环境塑造立足于关注设施使用者的人性情怀与万物有灵、天人合一的生态观。设计师在材料选择、生产工艺、设施的使用与废弃处理等各个环节都必须以可持续发展为指导方针通盘考虑节约环境与资源保护的原则，注重环境、生态、可持续的设计概念，在设计中追求人与自然的寄生关系，在人工物与自然物中寻找平衡点。如图5所示公共设施设计注重人与自然的交互，将自然融入公共设施设计，整体宛若天成般的自然与适意。有机自然观引导下的设施设计体现了设计者对生活的创造与反思，植入有机自然观念也意味着设施将具有更广阔的生命力，并有助于缓解城市所带来的高度秩序感，体现对自然的友好与尊重。

（2）科技生态观：公共设施设计从经济、环保原则角度寻找不可再生资源的替代物质或替代形式，倡导能源与物质的循环利用，以高科技手段解决节能、采光等，例如太阳能、风能等替代能源的利用（图6）。除此之外，公共设施设计在环境保护层面也可以运用新理念进行设计尝试，例如在室外灯柱上安装空气过滤器，在满足基础照明功能的前提下减少空气中的悬浮颗粒，减少环境中的污染。

3.6 艺术特色维度

公共设施设计的立足点不仅是城市的硬件设施建设，而且向着更具美学意义、审美价值、更为艺术的方向拓展。公共设施设计在艺术特色维度要体现最具地域精神的要素以及彰显最具特色的材料视觉审美，诠释时代特征并赋予公共空间以个性化艺术标识。公共设施如同艺术品般激活空间，具有艺术特色的公共设施作品能够营造出具有时代特征的人性化诗意空间环境，增强城市空间风貌特征（图7）。

图5　将自然融入的公共设施
　　　设计

图6 太阳能路灯

图7 富有艺术感的家具

4 结语

　　从城市风貌视角看待公共设施设计，跨越了公共设施设计本身的思路局限，将公共设施放置在更大更完善的系统下进行思考并将其与城市风貌规划体系进行有效衔接。优秀的公共设施能够塑造独特的城市风貌，是一个城市传递城市文化的艺术名片，同时有助于建立人与环境的交流媒介，强化城市风貌引导下的城市认同感与归属感，如同海德格尔所述：创造一个"诗意的栖息地"。

参考文献：

［1］吴伟. 城市特色研究与城市风貌规划[M]. 上海：同济大学出版社，2007

［2］张小开,孙媛媛. 街道家具对城市景观形象的营造方式研究[J]. 包装工程，2011，16
　　(8)：35-38

［3］赵毅衡. 符号学原理与推演[M]. 南京：南京大学出版社，2011

［4］张莹. 城市街道公共环境设施的形态设计研究[D]. 南京：南京理工大学，2008

［5］齐兰兰. 城市景观中的环境设施设计研究[D]. 合肥：合肥工业大学，2006

［6］薛文凯. 现代公共环境设施设计[M]. 沈阳：辽宁美术出版社，2006

［7］克莱尔·库珀·马库斯，卡罗琳·弗朗西斯编著. 人性场所——城市开放空间设计导论
　　[M]. 北京：中国建筑工业出版社，2001

"城市开发与
空间品质"篇

宜居城市建设研究——以宜居宁德建设为例

林兴明（宁德市住房和城乡建设局）

1 引言

2005年国务院批复北京城市总体规划，首次提出"宜居城市"的概念。"宜居"是城市规划和建设的基本出发点和归宿，代表了人类对美好生活环境的向往与追求。建设部2007年通过《宜居城市科学评价标准》由社会文明度、经济富裕度、环境优美度、资源承载度、生活便宜度、公共安全度六大部分构成，设计23个子项、74个具体指标。此后，国内很多城市把宜居城市作为城市发展目标。如上海世博会"城市，让生活更美好"主题，杭州"花园式生态城市"，广东湛江"美丽的海滨城市"，厦门"港口风景旅游城市"，清远"滨江山水园林城市"等，都成为宜居城市建设的典型实践。

2 宜居城市建设规划体系及方法思路

2.1 《宜居城市评价标准》(2007年4月19日通过中华人民共和国建设部科技司验收)包括

(1) 社会文明度（10分）。

(2) 经济富裕度（10分）

经济富裕是宜居城市最重要的基础条件，也是宜居城市最重要的决定因素之一。

(3) 环境优美度（30分）

生态环境恶化是当前我国城市发展中的突出问题。环境优美是城市是否宜居的决定性因素之一，主要包括生态环境、气候环境、人文环境、城市景观等四个方面。

(4) 资源承载度（10分）

城市资源量决定一个城市的自然承载能力，是城市形成、发展的必要条件。资源丰富，有利于提高公众的生活质量，也是宜居城市的重要条件，其中水土资源是宜居城市的决定性因素之一。

（5）生活便宜度（30分）

生活方便、适宜是宜居城市最重要、最核心的影响因素，也是最重要的决定性因素之一。宜居城市应该为生活各方面的内容提供各种高质量的服务并且使得这些服务能被广大的市民方便地享受。

（6）公共安全度（10分）。

2.2 宁德宜居城市建设规划体系

宜居城市建设规划是具体的实施性规划，在总体规划指导下，以"宜居"城市为目标，以城市物质空间为主要规划对象，对宜居城市建设实践工作进行具体研究和部署。

2.2.1 《宁德市城市总体规划（2011—2030）》确定的城市空间结构为"一城四区，多中心组团"

一城指中心城区（建设用地190.6 km²）中心城区由四大城区组成，包括主城区（89 km²）、白马城区（26.5 km²）、海西宁德工业区（74 km²）和三都岛群区（0.8 km²）。着重对非建设区域的控制，组团之间通过自然山体、湖泊、海湾、河流等自然分隔，通过合理交通连接，方便市民的生产生活，将产业、交通、环境、居住相协调，成为宜居城市建设的空间基础框架。这里主要研究主城区宜居城市建设的物质空间总体结构框架。

2.2.2 宜居城市建设规划是专项规划的综合安排

（1）宜居城市专项规划包括：城区综合交通体系规划（含铁路、高速公路、城市道路、港口码头）；中心城区公用设施规划（含供水、排水、供电、公交、通信、燃气、环卫）；绿地景观与广场系统规划（含绿地系统、公园绿地、防护绿地、景观系统）；生态环境规划（含保护目标、环境功能区划、环境污染防治）；住房保障与居住用地规划；历史文化资源保护规划；防灾规划（含防洪防潮、消防、抗震减灾、人防）等。专项建设规划主要涉及宜居城市建设的单方面内容，是对城市建设纵向规划体系的安排。

（2）宜居城市建设规划是综合专项建设规划的横向体系安排，宜居城市建设是以"宜居"为目标的各项建设专项规划的统筹，把专项建设规划统一在宜居目标之下，统一部署、综合评价，建立一个横向体系。这种纵横体系的综合和协调有利于城市政府统一安排部署，有利于宜居城市建设的有序推进。

2.2.3 宜居城市建设方法与新思路

（1）宜居城市建设具有阶段性、延续性和复杂性特征：在建设过程中会遇到诸多问题，如建设宜居城市的总体目标如何；大量资金如何筹集；应采用什么方式组织宜居城市建设；如何破解"安、征、迁"难题；各部门如何分工协作；如何保障实施等等。在许多城市建设的实践中，宜采用"提出问题——分析问题——解决问题"的逻辑方法。"提出问题"即提出宜居城市建设的目标；"分析问题"包括宜居性调研、宜居性评价和确定宜居城市建设重点；"解决问题"即提出宜居城市总体空间布局、宜居城市建设工程解决、宜居城市建设项目安排和要素保障安排。

（2）宁德宜居城市建设新思路

① 重点推进金塔片区、飞鸾组团、东兰组团、金涵组团、海滨组团和漳湾组团开发建设。

② 加大保障住房建设，推进老城区危旧房屋改造，改善居住环境。

③ 加快建设临港先进制造业产业园。

④ 加强交通设施、市政公用设施建设，打造适度超前的城市基础设施。

⑤ 推进城市综合体和文化、教育、体育、卫生等公共服务设施建设，提升城市综合服务功能。

⑥ 创建国家园林城市，加强城市公园绿地建设，改善绿地布局；加强环东湖地区城市景观环境塑造和金溪流域景观提升，重点推进主次干道沿线，重要节点的建筑景观改造，提升城市形象。

⑦ 促进各城区间的一体化建设和新组团的连接。

⑧ 形成环湾、环湖、沿溪、山水景观建设，实现宜居城市的大格局框架。

（3）宁德宜居城市建设框架：主要以城市规划编制实施、城市园林绿化工程、旅游景点公共设施整治、城乡景观风貌整治、数字城管、城市综合交通、污水处理及水环境整治、供水供气排水设施建设、城市垃圾处理、城市公厕、架空缆线下地、城市综合体等十三项工程为主（编制设施项目280多个），同时推进文化、体育、教育、卫生等公共服务设施和产业优化提升工程，依托财政、国投、五大集团公司为融资主体，市直各部门、两区及十多家专业公司（局）为业主。

3 宁德宜居城市建设重点

城市为了吸引多种形式的资本和制造更多的产品，急切地需要提高竞争力。宜居城市是以建设一个环境优美、人与自然和谐交融的人居环境为目标的，需要以人为本，在城市空间布局、生态框架、居住环境、城市公共服务、市政交通等多个领域提升优化。城市政府为全面推进宜居城市建设，根据不同阶段的需要，了解社会各界民意，体现百姓需求。现阶段主要重点放在环境优美度和生活便宜度两个大项上，重点抓好五个方面建设。

3.1 加快中心城区综合交通建设

3.1.1 对外交通建设

（1）铁路：形成"一枢纽、多放射、多支线"的铁路网系统。一枢纽：宁德火车客货运站，位于东兰组团东侧。预留东侧高铁站点，结合北部铁路货运编组站，共同形成铁路枢纽。多放射：温福铁路、宁漳高铁、衢宁铁路、宁古铁路、沿海货运专线等。多支线：建设漳湾支线、城澳支线、白马支线和溪南—东冲支线。

（2）高速公路：保留原有沈海高速公路。建设沈海高速复线、宁古高速公路、宁武高速公路。

（3）省道：保留现状二级公路——303省道、304省道，将301省道、201省道提升为二级公路。

（4）长途客运站：主城区保留宁德客运站和宁德客运南站，新建宁德火车站前客运站、高铁客运和漳湾客运站（沈海高速漳湾出口东侧）。

（5）港口建设：宁德市港口是海西地区重要的枢纽港口，中部地区的重要的出海通道，是闽东地区乃至海峡西岸经济区参与国际国内竞争的重要战略资源。中心地区所涉及的货运港包括漳湾、城澳、白马和溪南四个作业区。

3.1.2 中心城区城市路网建设

道路的四大功能为交通、形成公共空间、防灾、构成城市。道路网是城市重要基础设施。将城市道路做为重中之重项目适度超前建设，使城市公共线型空间不断延续，形成城市良好骨架。

（1）中心城区主次干道沥青路面改造工程：2010年蕉城南北路一期沥青路面改造投资1.3亿元，2011年蕉城南北路改造二期工程（北大路）、万安路、福宁南路、闽东路道路沥青路面改造项目，总投资约2.7亿元，2012年建设宁川路、天湖路、南环路-东湖路-塔山路等5条路沥青路面铺设和各种管线下地，5条路全长9.8公里，总投资约2.3亿元。使市区道路基本实现沥青化，降低粉尘、噪声，提高路面抗滑强度，同步进行道路绿化美化、彩化等升级改造工作，城区面貌得到进一步提升。

（2）市政道路建设计划安排：总投资约35亿元，主要城市道路有：闽东中路、环城路西侧、环城北路续建工程、福宁北路、和畅路北段、慧风路、华庭路北段、尚德路北段、天山西路、正大路、金马北路、学院东路、金漳路、金贵路、南湖滨路延伸段、金马南路、梦龙路、富春东路、薛令之路延伸段等30多条城市道路。建成后将使主城区形成"十纵十横"的道路网结构，使城市生产、生活交通更加便捷。

3.2 中心城区公用设施建设

3.2.1 公共交通方面

发展公共交通是国家"十二五"规划的战略要求，是城市功能正常运转的基础支撑，是解决市民基本出行需求和改善城市交通状况和城市环境的需要。

（1）快速公交系统形成"南网北环"，加状延伸的公交廊道布局。"北环"为郑岐路—闽东东路—进海陆—南天北路—郑岐路，将北部工业园与东兰组团、滨海新城连接起来；"南网"采用四横四纵的网络型公交廊道串联各城市组团，四横分别为闽东路—进海路和万安路—贵岐路，四纵分别为宁川路、福宁路、金马路和滨海大道。

（2）公交枢纽：设中央公交站（结合火车、汽车客运站设置）、公交西站（与老城区宁德客运站结合）、公交南站（与客运南站相结合）、公交东站（与滨海新城车站和水上客运中心相结合）和公交北站（与高铁和客运北站结合）。

（3）公交营运车辆将从目前的170标台，增加为300标台，远期为750标台。出租车近期控制在700辆以内，远期控制在1400辆以内。

3.2.2 通信设施建设

统筹规划主城区信息基础设施建设，推进信息产业化整合，实现信息资源的集约化建设和管理。宁德联通至2012年宁德业务区有5台RNC，有993个WCDMA站点；6台BSC、1480个GSM站点。宽带端口总量为15.03万端口；本地网核心层现有10GSDH环一个，汇聚层现有10GSDH环5个，25GSDH环1个，可提供汇聚能力约1104个VC4。本地网已建管道沟870公里，1400孔公里。累计投资16.38亿元。宁德移动"十二五"期间投入13.8亿元，用于传递网及TD、LTE网络建设，全市通信设施建设日趋完善，以实现主城区固定电话普及率为65～70线/百人，移动电话普及率按100线/百人，有线电视覆盖率达到100%。

3.2.3 城市电力设施建设

电力是城市的重要"血脉"和重要标志，展示着城市的活力与魅力。随着经济快速发展，群众生产生活对电力需求更加迫切。城市配网的建设十分重要。规划建设主城区110 kV变电站25座，220 kV变电站5座，500 kV变电站一座。近年投资3.6亿元新建与改造10 kV线路405.07 km，新增及改造公用配变315台、容量91.53 MW。至2011年开闭所11座，配电站27座，配电室28座，箱式变72台，环网柜52台，电缆分接箱42台。解决了网架薄弱、供电可靠性差、电压质量低等问题，使设备技术指标靠近目标值。

3.2.4 城市垃圾处理设施建设

实现垃圾处理无害化、减量化、资源化，是建设"美丽城市"、"健康城市"的需要。逐步使垃圾清运机械化程度达100%，无害化处理率达100%，工业固体废物处理率达100%，危险废物安全处理率达100%。医疗垃圾处理厂正加快建设，即将投入使用。同时，建筑垃圾处理厂和污泥处理中心将加快建设，使城区建筑垃圾及乱堆弃问题得到彻底解决。

3.2.5　城市污水处理设施建设

为了避免污染海洋、河流和地下水，必须将污水集中处理，达标排放，节能减排，美化环境。污水设施处理能力考虑1.2倍的弹性发展容量，主城区将建设7座污水处理厂。

3.2.6　供水设施建设

水是生命的源泉，自来水是城市的命脉，关系市民利益的大事。主城区以霍童溪、七都溪、金溪以及各种水库等为水源，通过水资源调配，保障市域供水需求。主城区将建设6座供水能力为54万吨/日水厂。近期投资达6.03亿元，一是主要完成了第三自来水厂、官昌水库及第二水厂的技改；2012年10月日供水5万吨的第三自来水厂建成投产，使城区日供水量由8万吨提高到13万吨，基本满足近期供水需要。三水厂并预留二期5万吨日供水规模，按需要适时启动。二是加快管网建设，计划供水管网建设和改造总长度达到30000 m。

3.2.7　燃气工程建设

目前，主城区液化石油气有宁德弘生燃气有限公司和宁德市万方燃气有限公司两家供应，已经建成的液化石油气储配站两座，分别位于单石碑大桥下和七都镇，年供液量约为8100吨。两座储配站的储量分别为42 m³和120 m³，市区共有瓶装供应点3个，供应户数约为4.5万户，气化率为98%。按照规划布局，将建设宁德市天然气门站2座，L-CNG汽车加气站2座。

3.3　城市绿地景观与广场公园系统建设

公园绿地作为城市中的主要开放空间，是居民开展户外活动的重要载体，园林具有提供人们游乐休息、美化环境和改善生态三大作用。按照城市山水格局和宜居城市建设要求，主城区形成"四廊五楔、一网多园"结构，四廊：滨海绿廊、温福铁路防护绿廊、沈海高速防护绿廊和104国道生态防护廊。五楔：飞鸾溪绿楔、宝塔水通绿楔、宁德水道绿楔、大寨山—大山岗—三角顶绿楔、七都溪—横屿东侧水道绿楔。绿网：沿主要水系两侧控制的公共绿地，结合道路绿地形成网络。多园：在绿网结点和丘陵山体处形成公园，包括镜台山、戚继光公园、后山公园、塔山公园、金蛇山公园、滨海公园、南湖公园等。

3.3.1　园林绿化建设

城市园林绿化指标情况。2011年底，宁德市建成区绿化覆盖面积3170 km²，园林绿地面积达到2868 km²，公园绿地面积达到974 km²，城市建成区绿地率35.94%，城市建成区绿化覆盖率39.72%，人均公园绿地面积10.86 m²；中心城市建成区面积21.02 km²，人口23.74万人，绿化覆盖面积842 km²，园林绿地面积达到763 km²，公园绿地面积达到324 km²，城市建成区绿地率36.3%，城市建成区绿化覆盖率40.06%，人均公园绿地面积13.65 m²。

3.3.2　城市公园绿地建设

建成开放的公园为东湖公园、镜台山公园、南漈公园、塔山公园、戚继光公园、报恩寺、烈士陵园、体育公园、中华畲族宫。其公园类型包括全市性公园、区域性公园、风景名胜公园、历史名园、纪念性公园、体育公园、民俗公园、湿地公园、游乐公园、带状公园。东湖南、北岸景观的建设完成，现已成为市民休闲活动的主要场所，有效改善城市环境，促进城市景观的提升。东湖湿地生态环境质量极佳，景观优美，在径流、潮汐等外动力作用下，形成了极具特色的集河流、滩涂、浅海水域于一体的湿地自然生态体系。

3.3.3　全面提升道路绿化，增加城区街旁绿地

建设火车站广场、会展中心周边绿化、人民广场、高速路互通口绿化、一号二号桥头绿地、行政学院路口街头绿地、小东门西侧绿地、军分区环岛东侧绿地、宁德大桥南侧绿地、富春路北侧街头小公园、万达广场等多处街旁绿地，面积超过10000多平方米；进一步提升闽东路、福宁路、万安路、塔山路、宁川路、天湖路、北侧富春路、蕉城南北路、南湖溪路等道路绿化。

3.4　保障性住房建设和商品住宅建设

3.4.1

主城区共建设15个居住区，每片区居住人口约3万～5万人，居住区配套设施如幼托、文化设施等规范设置。人均居住用地达到37.2 m²

3.4.2　保障性住房建设

保障性住房建设是国家住宅产业规划发展方向。住房将继续大规模开展保障性安居工程建设，以改善城市低收入居民的居住条件。

（1）保障性住房建设规划设计理念

① 规划原则与理念：一是保障社区配套设施齐全，开放社区空间，体现社会公平与公正。二是实现资源节约，创造简约而不简单的现实效果。三是力求"面积不大功能齐全、造价不高质量高"，创造一个舒适的居住环境。四是营造健康生活、生态宜居的和谐社区。

② 优化楼面布局，重视集约化设计理念：在小产型面积有限的条件下，采用集约化、精细化的设计理念，可以最大效率地挖掘住宅空间的使用潜力。

③ 充分利用空间，体现空间高效性与立体型：设计上要研究平面布局和不

同功能区的关系，合理挖掘有效空间潜力，重点在于组织协调好玄关、起居厅、卧室、餐厅、厨房、卫生间、储藏室和阳台8个主要功能空间的关系。

④ 重细部设计，体现以人为本：在优化建筑设计过程中，应注重细部上的设计，重点是产品及构件的标准化、节约化。

（2）目前，主城区保障性住房建设主要集中在金涵小区。金涵小区分三期建设，目前已开工一、二期，用地270亩，建设保障性住房4878套。具体为：

① 一期用地43亩，建保障性住房972套，其中建设廉租住房220套、经济适用住房752套；已竣工交付使用。

② 二期总用地227亩，总建筑面积35.5万m²，总套数3906套，总投资约10.2亿元。

3.4.3　商品住宅建设

伴随着快速发展的城市化进程和房地产业的迅猛发展，主城区商品住宅规划建设逐步形成了一套较为成熟的规划理念，住宅设计体系和建设监管体系。依照现有山水格局和区域环境、规划设计出环境优美、设施完备便利、品质一流的生活区成为共识和目标。住宅小区从规划指标、包括建筑密度、容积率、建筑日照问题、建筑退让、绿地率、停车泊位、景观控制、公共空间及建设配套设施，包括供水、排水、供电燃气、通讯、道路交通、城市防灾等，相关部门做好落实实施。

3.4.4　宜居城市综合体建设

城市综合体的出现是城市形态发展到一定程度的必然产物，由于城市本身就是一个集结体，当一些区域的人口聚集和用地紧张到一定程度的时候，该区域的核心部分就会演变成一个综合体。相比功能明确的单一体建筑，综合体的优势是显而易见的，其不仅方便了使用者，还在很大程度上减少了综合使用成本，进而实现了土地的高效利用。

城市综合体有两种表现形式，一是城市形态的表现，城市核心区域为了降低综合商务成本而演变成综合体的形式。二是经济形态的表现。随着城市开发规模的不断增大，规划了大量的办公区、居住区和商业区，并通过连廊等形式将它们联结在一起，形成新型的独立式"水平向"发展的建筑综合体。这两种形式都对综合体的功能、交通及空间形态提出了很高的要求。目前，主城区已建成城市综合体1个，在建5个，分别为宁德万达广场62万m²；宁德德润广场8.9万m²；宝信广场54万m²；龙威经贸广场17万m²；宁德联信财富广场5.2万m²；中益家居博览中心2.39万m²，它们将丰富城市空间形态，改善市民生活交通环境。

3.5 主城区公共安全与综合防灾建设

3.5.1 防洪工程

实行工程措施与非工程措施相结合，生态环境与水土保持相结合，全面规划、统筹兼顾、标本兼顾、综合治理。因势制宜，稳定流向，因害设防，砌石护岸，防治结合，以防为主。

如：金溪防洪工程：

（1）金涵防洪工程。金涵防洪工程总投资为1.43亿元。该项目主要包括大金溪、小金溪、杨梅溪三条河道的防洪堤总长1.5 km；6座拦水坝；两座桥梁；建设堤后防汛路7650 m；河道疏浚7586 m等五个部分。新增城市绿化面积15万 m²，新增绿水面积 30万 m²。

（2）金溪防洪堤工程溪口至兰田段。全长3.17 km，分两期组织实施，总投资1.4亿元。

（3）进一步探索引入土壤生物工程技术加固河岸。将土木工程理论与植物和天然材料相结合，如岩石可以控制土壤流失和减缓排水速度。植物除了能起到美观的作用，还可以发挥土壤生物的重要作用，植物的根系可以加固河岸，土壤生物工程体系具有自我发展和适应环境的能力，并不断地自我修复和成长。与混凝土河道相比，它们的安装成本低，更具有可持续性，并且能够带来长期的经济效益。

3.5.2 防潮工程

与围垦工程同步建设防潮海堤，溪流入海口因地制宜建设防潮设施。主城区防潮大堤标准按100年一遇，海堤工程上的匣、涵、泵站等建筑物及其他构筑物的设计防潮标准，不低于海堤工程的防潮标准，并留有适当的安全裕度。

3.5.3 排涝工程

（1）城市排涝是流域范围内较大江流面积上长时间遭受暴雨侵蚀产生的涝水排放。城市排涝所排的是流域之内的雨水，而防洪则是流域之外的洪水，主要是防河洪、山洪和海洪。主城区排涝标准原则为20年一遇，分片区具体控制，其中，八都、飞鸾、城澳、白马城区、三都岛群区排涝标准为10年一遇。

（2）围垦工程同步建设排涝河渠及滞洪湖泊，注重场地竖向规划，满足相应防洪排涝标高。疏浚主城区排涝河道，建设南大唐排涝渠、火车站周边、学院周边、后岗溪、古溪溪、大寨溪、南港连通渠等，这些项目已经全面启动建设，部分建成投入使用。同时，启动建设老城区"六大低洼地"排涝工程。

（3）进一步完善防洪、排涝沟系，优化雨水道路系统，规划建设滨海大道的同时，建设蓄滞洪区。

3.5.4 消防工程

危险品的生产储存单位逐步从主城区迁出,危险品仓库应布局在常年最小频率风向的上风向和侧风向,避开人员密集场所及高峰车流。主城区发布建设消防站23个,配备相应的消防设备。落实"预防为主,防消结合"的方针,普及消防安全知识,落实消防制度和责任,加强检查和监督。

3.5.5 抗震与人防工程。

按照国家规定重要建筑和生命线工程要提高抗震设防等级,避难场所的建设与城市环境改造和新建城市、居民住宅小区工程相结合、广场、体育场、操场、绿地、公园等开放空间的建设作为就地避难场所。把人防建设与城市建设有机相结合,鼓励开发城市地下空间资源,扩大城市空间容量,改善城市环境、节约能源、防灾减灾的功能。加强城市重要政治经济目标防护,采取有效防护措施,制定应急抢险抢修方案;加强城市基础设施的防护,城市报警覆盖率达到100%。

3.6 宜居城市建设是复杂的系统工程,需要相关部门、相关行业、城市市民的支持与配合

城市各项设施建成投入使用后,政府部门、相关业主、单位必须加强对城市基础设施和公共服务设施的保养和维护,确保设施的正常使用和运转。

4 结语

宜居城市建设是复杂的系统工程,涉及城市政治、经济、文化、历史、生态环境等方面。对城市产业布局、发展和教育、卫生、文化、体育设施建设也是宜居城市建设的重要组成部分,还应另外做深入的专题研究。每个城市的规划建设都会面临许多复杂的问题。宜居城市建设也是处在不断实践、探索的阶段,很多方面还需要细致深入研究、不断完善。

热带滨海城市的风貌魅力

陈养秀　吉受禄　李敏泉

(雅克设计有限公司)

在世界范围内热带滨海城市的风貌特质和吸引力早已不言而喻。我国的沿海城市也先于内地得到迅速的发展，形成一个强劲的发展趋势。海南是中国唯一的热带岛屿省份，独特的自然风光和浓郁的民族文化等特色资源构成了海南优美的风貌基底。随着海南国际旅游岛战略的推进，如何挖掘和借鉴全球热带滨海城市风貌特色的内涵，形成我国独特的热带滨海城市的魅力特征。这已是当下我们规划和设计领域的重要课题。

1　热带滨海城市的风貌特征

《辞海》对热带的释义：赤道两侧南回归线和北回归线之间的地带称"热带"，也叫"回归带"。《中国地理》第一章："只有在南、北回归线之间的地区，才能见到太阳直射头顶的景象，所以这个地区获得的太阳热量是全球最多的，形成地球上的热带。（图1）"

1.1　热带城市风貌特征

1.1.1　热带城市气候特征

热带城市即是指地处地球表面南北回归线之间、赤道两侧的纬度带里的城市（图2）。这里有太阳的直射光线，昼夜长短的季节变化不大，年平均气温24℃以上。一年有两次太阳直射现象，终年能得到强烈的阳光照射。

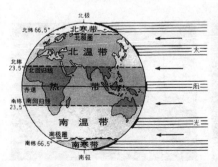

图1　热带地区的分布
图2　中国三亚热带城市风光

145

1.1.2 社会生活特征

为适应炎热的环境，热带地区建筑的基本生活功能应是满足遮阳、防晒、通风降温、防潮、抗风暴等。热带地区人们有自己独特的风俗习惯、衣着打扮、道德规范等社会生活特征；传统的风土人情的文化积淀在当地城市环境和建筑特征上均有所体现。

1.1.3 建筑风貌特色

建筑群体组合注重空间秩序化，并有意识地创造室外庇荫空间，降低建筑周围环境的燥热感。建筑单体布局注重引进自然通风，建筑朝向争取夏季主导风向。热带建筑的细部处理与外观造型较为丰富。

1.2 滨海城市风貌特征

1.2.1 滨海城市

滨海城市即是指与海岸线相接的陆域发展的城市，其基本影响要素为大海（图3）。

1.2.2 自然风貌特征

充足的阳光、波动的海水、迷人的海湾、洁白的沙滩、奇异的礁石、翠绿的树林，构成了海边美丽的自然风貌。人们在岸上看海，海上回头望岸，给人以强烈的感受。

1.2.3 滨海城市建筑风貌特色

滨海沿线是城市建筑风貌特色的主要体现地段，而海岸线又是形成城市特色的依据和有利条件。滨海城市建筑风貌在空间布局上具有层次分明、视觉走廊清晰、高低错落的轮廓天际线，形式多样而富有鲜明个性。

1.3 热带滨海城市风貌特征

热带气候以及临海的诸多自然因素，是形成热带滨海城市风貌的基础。

关于热带滨海城市的特色问题，大家的共识是：绿化覆盖面积较大、建筑色彩淡雅、建筑造型明快、群体布局疏密相间等等（图4）。如海南的热带风貌综合

图3　法国尼斯滨海城市风光

图4 中国海南热带建筑示意
图5 中国三亚体现海南热带
综合特征

特征是（图5）：热带滨海风光，碧海蓝天沙滩，生态雨林绿水，阳光地热温泉；椰风海韵浓郁，民族风情多彩，南亚特色鲜明，历史遗存厚重，民风淳朴祥和。

热带滨海城市的建筑要适应热带气候。杨经文先生指出，热带的气候是影响热带地区城市规划设计的重要因素，而"热带城市"和"热带建筑"通过其对"热带气候"这一稳定因素的长期适应性而表现出其热带的风貌特征。

2 热带滨海城市风貌资源要素的梳理

2.1 自然风貌要素

热带滨海城市的自然风貌要素主要由地形地貌、气候水文、生物生态等构成。

2.1.1 地形地貌

地形指地势高低起伏的变化，即地表的形态，诸如山脉、丘陵、河流、湖泊、海滨、沼泽等。而地貌是在地形的基础上再深入一步，探讨其前因后果，即研究地形成因和特征的科学认知。

国际著名的热带海滨城市大部分都处于低纬度的热带，此地区的城市依靠3"S"要素，即阳光（Sun）、大海（Sea）、沙滩（Sand）打造热带滨海城市风貌（图6）。

热带滨海城市具有岸线曲折的海岸、海湾，其间常见一些细软洁净的沙滩，海中往往错落点缀着大大小小的岛屿、岩礁（图7）。由于地质构造和岩性的差异以及长期的海洋动力作用，海岸形成诸如海蚀崖、海蚀穴、海蚀拱桥、海蚀柱和海蚀平台等海蚀地貌（图8），构成了重要的地形风貌资源。

2.1.2 气候水文

气象是地球某一地区多年时段大气的一般状况，是该时段各种天气的综合表现（图9）。

在影响和决定热带滨海城市建筑的自然因素中，气候是一个最基本、最具有普遍意义的因素，它决定了建筑形态中最根本和恒定的部分。

热带滨海城市被海洋环绕，陆地内部河流纵横交错（图10），水资源的富足及水涨水落都对它产生了重要的影响。

2.1.3 生物生态

热带滨海城市的陆地及海上的世界是缤纷多彩的（图11），包括生态农业、野生动物等方面，复杂独特的地理环境及气候，形成了繁茂的热带滨海城市。由于地理环境、气候条件等因素，宜于各种动植物的繁衍和生长，形成了一个良好的热带滨海城市生态环境。

图6	图7
图8	图9
图10	图11

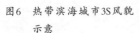

图6　热带滨海城市3S风貌示意

图7　错落点缀的岩礁

图8　海蚀地貌图

图9　热带地区的气候示意

图10　纵横交错的河流湖泊

图11　缤纷多彩的海底世界

148

2.2 人工风貌要素

2.2.1 建筑风貌（图12）

就建筑而言，出于对遮阳、避雨、通风、防潮、隔热等方面的特殊需求，结合当地阳光照向、气温变化等气候特点，争取有利朝向、创造有效的遮阳通风形式的建筑设计。

无论本土建筑还是外来建筑形式，均以适应当地的气候环境为主。建筑布局、体量、尺度、风格、色彩等方面与热带滨海城市环境基质相融合，体现热带滨海城市风貌魅力。

2.2.2 道路风貌（图13）

热带滨海城市的临山体、水体、绿地的城市道路，建筑临街长度能够使道路观景视线通透。热带滨海城市具有特色、轻快、休闲而有吸引力的林荫大道，以展现热带滨海城市交通风貌。

2.2.3 绿化风貌（图14）

根据地形地貌、气候水文等特征，系统规划各类园林绿地。在城市道路适当位置布置街头广场绿地，道路绿化与道路线型协调，形成点线结合的绿色道路空间风貌。

绿化色彩的把握重点从地方树种的植物种类入手，一般在原有绿化的基础上，选择并种植色彩变化较丰富的植物，并以植物密度、植被高度形成层次丰富、变化多样的绿化色彩。

2.2.4 色彩风貌（图15）

城市色彩在色温、色相等方面力求与整体环境相对统一协调，并通过局部色彩的变化，结合地段环境、区域功能的不同，达到城市色彩既和谐统一、又变化丰富的色彩风貌效果。

色彩是在历史积淀中形成的，是城市文化载体之一。城市色彩是以延续城市历史文脉，反映民族文化特色的基础。

2.2.5 景观风貌（图16）

应重点考虑以生态系统、空间系统、夜景系统、游径系统、眺望系统等方面综合构成热带滨海城市的景观风貌魅力。

2.2.6 热带滨海城市的轮廓线风貌（图17）

热带滨海城市具有曲折的海岸线，海岸线与城市构成城市天际轮廓线。许多城市注重天际线对城市特征的表现作用，在重点地段设置标志建筑，形成丰富的城市天际线轮廓线，景观视廊周边建筑群落布置高低错落，形成景观层次丰富、韵律优美的城市天际轮廓线。

图12	图13
图14	图15
图16	图17

图12　建筑风貌
图13　道路风貌
图14　绿化风貌
图15　色彩风貌
图16　景观风貌
图17　轮廓线风貌

除了对以上的人工风貌要素进行控制外，还需对桥梁风貌、设施风貌、标识风貌、城市街具风貌、城市标志物风貌、公共艺术风貌等方面要素进行控制。

2.3　人文风貌要素

热带滨海城市的人文风貌要素主要由海洋渔业风貌、海洋文化风貌、民俗文化风貌、宗教文化风貌、海洋节事风貌等构成。

世界上大多数沿海地区气候宜人，生产生活资料丰富，开发历史悠久，具有浓厚历史、文化、民族风情和宗教色彩，在热带滨海城市分布着丰富的人文风貌遗存。主要有以下几种人文风貌：

2.3.1　海洋渔业风貌（图18）

滨海地区产生了独特的以渔业为主的产业环境，这一环境所具有的渔业风貌基础与内陆城市形成了极为明显的差异，这种差异在很大程度上体现了热带滨海城市对游客产生的巨大吸引力。

2.3.2 海洋文化风貌（图19）

海洋文化包含着人类对海洋、潮汐、岛礁、风浪、海流等海洋事物的认识，以及与海洋密切相关的海洋宗教信仰、海洋民间传说、海洋文学作品、海洋民俗风情、海洋服饰、海洋民居、渔家宴等。

2.3.3 民俗文化风貌

滨海地区人口密集区，不同民族相互融合，形成了比较一致的民风民俗文化。在一些交通不便、滨海环境特殊的地区，仍然存在一些比较独特的与海洋有密切关系的民俗文化资源，如对妈祖庙的供奉等。

2.3.4 宗教文化风貌

随着航海事业和海上生产活动的发展，海滩的数目也大为增加，从而促使了航海保护神的产生，各地修建了大量的祭海封神的庙宇。

2.3.5 海洋节事风貌

以海洋为依托，举办一些节庆活动或大型海上赛事，如祭海民俗文化节，这些民族的节庆活动具有强烈的生活气息和浓郁的民间文化艺术特色，是很有魅力的海洋旅游资源（图20）。还有水上运动体育健身游，举办一些诸如滑水、冲浪、赛艇、摩托艇、帆船、帆板、潜水、水上拖拽伞等海洋节事活动（图21），以丰富海洋旅游项目，吸引游客。

图18	图19	图20
图21		

图18　中国三亚海洋渔业风貌
图19　中国渔民祭海海洋文化风貌
图20　厦门妈祖文化海洋节事风貌
图21　各式各样的水上运动：潜水、赛艇、水上拖拽伞

3 热带滨海城市风貌魅力营造的路径——以世界著名热带滨海城市为例

3.1 迈阿密：文化魅力增强了旅游吸引力

美国迈阿密是一座国际性的大都市，被认为是文化的大熔炉，具有丰富多彩的人文风貌。受庞大的拉丁美洲族群和加勒比海岛国居民的影响很大（当地居民多使用西班牙语和海地克里奥尔语），与北美洲、南美洲、中美洲以及加勒比海地区在文化和语言上关系密切，因此有时还被称为"美洲的首都"(图22)。

近一个世纪以来，迈阿密建立了许多完善的体育设施和新奇的娱乐设施。首先是有广阔的水上活动场所可供游人游泳、跳水、冲浪、划船和钓鱼；陆上也有众多体育场馆可供游人打高尔夫球、网球和保龄球等。仅高尔夫球场全城就有40多个，多半在迈阿密海滩。还有吸引游人观赏的精彩职业体育赛事，此外还有赛马、赛狗和回力球赛等。水上职业赛事有摩托艇和划船比赛，这些项目一般都在通向比斯坎湾的里肯贝克堤道边的水上运动场举行。

迈阿密通过文化主题设施和游乐设施共同实现地区旅游配套设施的高端升级。据统计，迈阿密共有6所高等院校及博物馆（图23）、图书馆（图24）等；游乐设施包括水族馆（图25）、众多体育场馆（图26）、水上运动场、各种公园和

图22		
图23	图24	图25

图22 迈阿密的魅力风光
图23 迈阿密儿童博物馆
图24 迈阿密大学图书馆
图25 迈阿密水族馆

图26　迈阿密NBA体育馆美航中心

动物园。较大旅馆都附设有各种娱乐设施（图27），这种娱乐设施和酒店的结合形成的单元式的开发，给游客提供了全新的生活方式，体现了一个地区独特的标准。

图27　迈阿密新世界中心

珊瑚墙小镇（图28）是迈阿密一个颇具西班牙特色的社区，素有"万国建筑博物馆"之称，也是贵胄名流们的品味居所和后花园。几十年前，由一位西班牙富商在这里投资建成一千多栋独立的别墅，没有两栋是同样的设计。

装饰艺术区（图29）位于迈阿密南海滩中心，占地1平方英里，融合了现代精简和西班牙地中海复兴风格的传统建筑群的风采，是迈阿密海滩上的瑰宝。装饰艺术区包括20世纪30年代和40年代的800多座汇集众多奇思妙想的城市保护建筑，栋栋风格各异，或粉红、或淡紫、或青绿的各色粉彩建筑，是世界上最大的装饰艺术建筑群，也是美国面积最大的国家历史遗迹之一。

3.2　坎昆：规划布局促进了城市魅力的多姿多彩

墨西哥坎昆东濒加勒比海，是世界第七大海滩度假胜地，著有"加勒比海

图28　珊瑚墙小镇

图29 装饰艺术区

明珠"之称（图30）。坎昆市1975年进行规划后，经过三十多年来的建设，其间规划虽然经过几次小调整，但始终保持着原有的规划布局和传统的建筑风格，规划一直得到贯彻落实。

坎昆将整个市区分为四个区域规划将该区域分成4个区（图31）：酒店区（坎昆岛区，图32）、居住区（坎昆城，图33）、国际机场（图34）、保护区。坎昆为了发展其国际旅游业，专门修建了大型的国际机场。居住区没有工业，一切为旅游服务，现有1 500多家自由免税商店，商业较繁荣。酒店区建于长17公里的狭长岛上，有三个泻湖，林荫道与大陆相连；根据开发计划又分成了三个区域，该区域的设施包括：高尔夫练习场、会议中心、零售中心、码头和水上运动等。保护区主要是围绕礁湖、考古区以及红树林敏感区域，具浓郁地域特色的玛雅文化与墨西哥风情（图35、图36、图37）。

规划对各分区给出了较为严格限制性规定，对建筑密度、容积率、高度、体积、占地面积都有明确和具体的指标。例如，规划的四种建筑密度标准为：低密度3层，75间/公顷；中密度5～8层；中高密度、高密度限高20层，150间/公顷。

154

图30 坎昆的区位及魅力风光

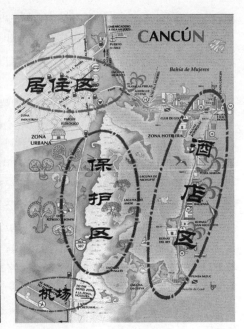

图31 坎昆的空间分区风貌示意图

图32 坎昆的酒店区

图33 坎昆居住区

图34 坎昆国际机场

图35 库库尔坎金字塔

图36 奇琴伊芳金字塔

图37 坎昆海底博物馆

绿地面积要保证45%。坎昆在建设过程中强调建筑外观不能雷同，高度不能一致等，以致饭店的体量、尺度、外观设计均别出心裁，争奇斗艳；其他公共设施也绝不雷同，包括街头的小品建筑、广告等都能令人回味。绿化强调立体式，使得整个度假区成为一个建筑博物馆。

3.3 夏威夷：公共性保证了风貌魅力的塑造

在美国夏威夷为了保护环境，当地政府不仅对各种建筑物的密度和高度作了严格的规定，以保护好各种植被、海水、沙滩、空气和各种海洋生物，而且大搞森林、公园，尽可能多造绿地，规定绿地面积要45%。保证游憩空间和设施的公共性，城市的滨海及所有游憩设施都向市民和游客免费开放。在沿海地段，留出供公共使用的步行通道和游泳沙滩，滨海公共空间的连续性得以保持。

夏威夷檀香山（图38）非常强调其作为旅游城市的特点，如建筑物灵活布置：城市道路与海岸相邻，对海景一览无遗；临海布局建筑物，使海岸线进入城市建筑群中心（图39）。这样沿着城市道路，沙滩和城市商业氛围、海景交替出现。不同领域边界的软化：酒店区有不少酒店与海边没有道路相隔，与海和沙滩连成一片。酒店是私有用地，而海滩地带是公众区域，但是两者之间自然地连贯一体。

夏威夷瓦胡岛（波利尼亚文化中心）是旅游资源和活动最集中的地方（图40）。瓦胡岛的旅游开发强调差异性、分工合作的概念。根据不同海湾的资源特

图38 夏威夷檀香山的城市形象漫画

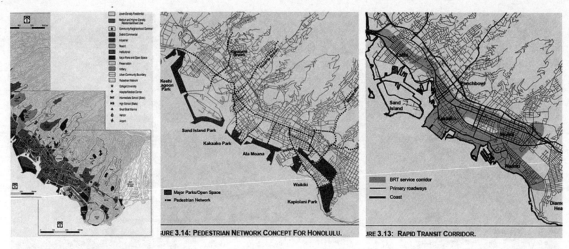

图39 夏威夷檀香山的城市设计
左：用地布局上，滨海地带及一定纵深主要为公共设施用地和混合用地
中：公共交通走廊基本覆盖了城市中心区及主要的旅游地段
右：滨海地段有连续的绿化开敞空间，若干步行道联系城市纵深直至自然山体

色，规划建设和开发了各具特色的旅游景点及活动，既有热闹非凡的城市化的区
域，也有幽静安逸的度假海滩；既有现代化的各类游乐设施，也有独具地方特色
的各类文化场所。

　　夏威夷处处洋溢着一种独有的文化氛围（图41），既是东西方文化的融合，
也是传统文明和现代文明的汇集。夏威夷岛多种族裔、多种文化的居民为此地创
造出令人着迷多重面貌的艺术、文化、食物、庆典及历史。当地旅游部门充分利
用了当地文化特色，开发了一批知名的旅游项目。不仅把太平洋各个岛屿的风土
人情融合在一起，而且有世界各地文化的缩影；不仅布满现代文明的气息，而且
充满原始文化的芳香，独特的氛围令游人流连忘返。

3.4 新加坡：处理好规划、建设和管理三者关系赢得"花园城市"美誉

　　新加坡环境优美，市容整洁，空气清新，道路两旁树木成荫，街头到处是小
花园、小草坪，花香草绿。城市中垂直绿化、市内绿化、广场绿化、街道绿化世
界一流，真正做到了见缝插绿，土不露天，是名副其实的"世界著名的花园城
市"（图42）。

　　新加坡在自然资源并不优越的情况下，通过苦心经营和大胆创新，形成本国
特有的风貌。新加坡在城市建设中，对一些特色的民居，都加以特别保护和修
葺，或按照原样加以恢复，或古今结合、古为今用，使之成为人文风貌。新加坡

图40 夏威夷瓦胡岛旅游风貌资源分布图

图41 夏威夷具有丰富的人文风貌资源

文化纷繁复杂，丰富多彩，融合了东西方各个民族和宗教的文化，兼容并包，形成独特的异质文化。新加坡从1973年新加坡政府就掀起了全国性的、行之有效的植树造林运动，大力整治污水河道，改变市容市貌，使得新加坡成为名副其实的花园城市，成为世界上唯一的一个"三无"城市。

现代新加坡的实质性城市开发分为以下阶段（图43）：50年代末到60年代初令人窒息的拥挤时期，60年代到70年代国家的住房供给和现代城市的初步形成，

图42 花园城市的风貌魅力

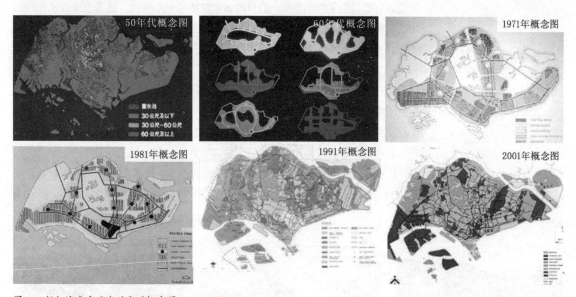

图43 新加坡城市开发时期的概念图

80年代品质和特色的增长，20世纪90年代至20世纪末，新加坡的目标是达到瑞士人的生活水准。2008年新加坡将土地划分成5个规划区域，并进一步细分为55个规划分区（图44）。规划憧憬了新加坡未来的生活：住着宽大舒适的房屋，体会

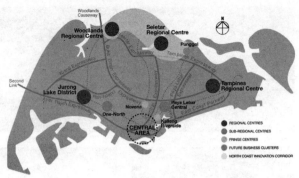

图44 新加坡2008年总体规划
图：5个规划区域55个
规划分区
图45 新加坡绿化系统规划

着工业、商业、娱乐、休闲和文化带来的良好的环境。

新加坡通过绿色工程已经塑造了自己"花园城市"的形象（图45）。它仍保持着每1 000人0.8 km²绿地空间的标准，这些将由绿色带与海岸地区很好地连接起来，为人们漫步和骑车提供了绿色场所。

新加坡住宅区的空间形态主要体现为多元混合的有机组合形态（图46）。规划设计方面结合了终年暴雨、烈日的新加坡热带气候特点。建筑立面红白相间的均质化机理具东方韵味与现代感，错落有致的中高层住宅楼坡屋顶丰富了天际轮廓线。为学校和医疗卫生机构需要保留足够用地，仍留出土地用于博物馆、艺廊和图书馆的建设（图47~图49）。

3.5 巴厘岛：文化习俗和寺庙宗教丰富多彩驰名于世

印度尼西亚巴厘岛地处赤道，气候炎热而潮湿，是典型的热带雨林气候。巴厘岛上大部分为山地，全岛山脉纵横，地势东高西低。以庙宇建筑、雕刻、绘画、音乐、纺织、歌舞和风景闻名于世，为世界旅游圣地之一。

巴厘岛的规划体现了全域统筹的理念，旅游区（图50）的开发范围和速度受到控制，基本上是成熟一个再开发另一个；分档次分区，建立准入门槛；各时期

图46 新加坡丰富多彩住宅区的空间形态

图47　新加坡启奥生物医药园

图48　新加坡国家博物馆

图49　新加坡国家图书馆

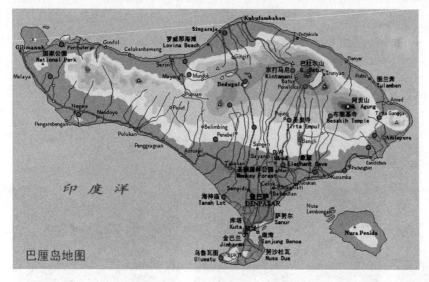

图50　巴厘岛旅游度假区分布
图

开发的重点和标准也有所不同。全岛已形成 3 个大型旅游开发区，分别代表着不同的品位档次，也反映了巴厘岛旅游业的 3 个阶段。最古老的旅游度假区–KU–TA区，20世纪六七十年代开发，观光游客、团队、经济型散客集中。过渡性的SANUR 区，始建于旅游业蓬勃发展的 80年代，酒店档次稍高，建筑密度也比KUTA高。最豪华的旅游度假区–NUSADUA 酒店特别区，90 年代开发，高尔夫球场、大型购物中心、大型会议厅等配套齐全。

　　巴厘岛的努沙杜阿（Nusa Dua）海滩是东南亚第一个运用了集中的规划理念开发的综合旅游度假区。海滩退后一定距离进行酒店选址；建立通向海滩的公共廊道；单独建下水道系统的污水处理厂；近岸岛屿建设景观公园；制定分区规划建设原则等。努沙杜亚已经成为印尼其他地区建设滨海旅游度假区的典范。

　　巴厘岛的杜阿岛建筑物高度不超过15米；每公顷不超过20间客房；建筑密度

图51 巴厘岛建筑特征：不超过椰子树的高度

不超过25%；所有滨海方便公众进入；建筑物距海岸50米以上；严格控制楼面；所有公用设备线必须置于地下；采用传统的巴厘建筑风格和当地建筑材料。

1977年政府规定：巴厘岛上所有的新建筑必须具有"巴厘岛特征"（图51）。此后又规定观光休闲区只能在岛的南端发展，新建的楼房不得高于4层（即椰子树的高度）。巴厘岛重视本土特征的原则，使巴厘岛保留了地域特色风貌，而没有被现代文明所侵蚀。巴厘岛全岛有庙宇12500多座，90%的人口是印度教，使得该岛有"千寺之岛"的美称（图52～图54）。岛上的旅游产品也极力体现旅游度假"天堂岛"和"宗教艺术之岛"的形象，保留历史文化遗迹，保存传统的生活习俗。

图52 海神庙　　　　　图53 百沙基庙图　　　　　图54 圣泉庙

3.6 黄金海岸（澳大利亚）：空间布局造就"冲浪者的天堂"闻名世界

黄金海岸有明媚的阳光、连绵的沙滩、湛蓝的海水、浪漫的棕榈林（图55），被誉为"主题公园之都"（图56）、"冲浪者天堂"（图57）和"水上乐园"。规划空间布局（图58）中强调台地、池塘、小溪、山岗、树群等均是创造空间特色的着眼点，规划中必须予以保护、保留并加以利用，做到因地制宜、自然天成。同时注意形成度假区的风貌完整氛围，从建筑物、标志物、环境设施和环境品质上反映出来。由于生态的脆弱性，一些岛屿的规划就更严格，比如蓝萨罗特岛的规划就限定了岛上90%的地方都不能修建筑物，即使是能修的地方，也对建

图55 黄金海岸滨海整体风貌

图56 主题公园风貌梦幻世界

图57 当地国际冲浪节

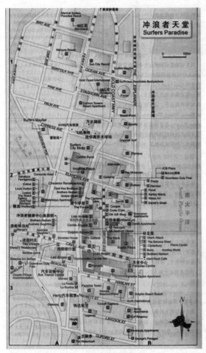

图58 黄金海岸旅游城镇旅游
设施空间布局

筑物的高度、密度、风格和材料等作出了明确规定。

4 结语

（1）进入 21 世纪，一些知名的滨海度假城市均已告别了过去的快速增长阶段，而走向了稳定增长阶段，这些城市已经由外延扩张式的发展转为内涵式发展。我国的热带滨海城市与这些城市相比，仍然处在起飞阶段和旅游扩张期。可以预测，我国热带滨海城市的起飞阶段延续时间将更长，起飞速度有望更快，发展潜力更巨大，发展前景更加光明。因而热带滨海城市风貌魅力的塑造越来越受到关注。

（2）我国的热带滨海城市应重视发展旅游相关产业，应面向国际著名的热带滨海旅游城市。

（3）全球化时代倡导"越是地方的就越是世界的"。我国的热带滨海城市要想成为国际性度假城市，就必须依靠本土文化特色来支撑。

（4）我们应重视城市风貌魅力建设，考虑适应自然和维护生态。这些城市都把本身视为一个大环境，在城市建设中注重特色、美观、宜人。

（5）根据国际经验，著名旅游度假地的发展都与风貌营造和魅力展示密不可分！我们可以满怀期待地憧憬——海南国际旅游岛将以独特而鲜明的风貌特色给世人展现一个生态环境优美、旅居空间怡人、文化魅力独特、形象品牌一流的海岛型理想家园、旅游圣地与度假天堂。

参考文献：

[1] 海南省住房和城乡建设厅，雅克设计有限公司.海南国际旅游岛风貌规划导则[M].海口：海南出版社，2011

[2] 李敏泉.城市特色资源与城市风貌——兼论来宾市城市风貌特色研究[A].雅克设计机构.研究实录（雅克论文选1992—2012年）[M].北京：中国建筑工业出版社，2012

[3] 李敏泉.特色o标志o个性——关于21世纪"城市特色"的理论思考[A].雅克设计机构.研究实录(雅克论文选1992—2012年) [M].北京：中国建筑工业出版社，2012

[4] 迈向国际性热带滨海城市——海口城市设计国际研讨会综述[J].时代建筑，1993, (3)

[5] 唐凯，吴俊辉，董鉴泓等.创造热带风光和海滨城市特色的海口之我见[J].城市规划，1996，(4)

[6] 张磊.面向21世纪的亚洲热带城市——新加坡建筑师郑庆顺的亚洲热带城市概念评述[J].规划师，2002,(9)

[7] 王媛，张天新.热带滨海城市特色的理论研究[C].城市规划汇刊，1994,(1)

[8] 陆洪慧.巴厘岛度假村特色建筑及景观设计[J].规划师，2004,(4)

[9] 王茂林.新加坡新镇规划及其启示[J].城市规划，2009,(8)

街道建筑空间更新模式探讨

林 磊 魏 秦(上海大学)

古今中外的和谐思想以及人们创建和谐状态的实践经验,对于现下国内大规模进行的对于街道建筑空间所作的更新来说,有着十分宝贵的启迪作用,亦有许多值得借鉴的地方。追求"和谐"是中华民族的理想。和谐思想最早出现在《国语》,是一种大同社会的理想。孔子所言的"致中和"、道家主张的"合异以为同"、董仲舒宣扬的"天人之际,合而为一"、张载提出的"天人合一"等思想充分表明,中国古人对"和谐"思想理念有着充分而深刻的认识。在西方,早在古希腊就有人把和谐作为美的重要特征。如新毕达哥拉斯学派的哲学家尼柯玛赫在其《数学》中提出:美是和谐的比例。可见和谐是世界的本质!

同理,和谐也是街道建筑空间更新所追求的理想。随着现代技术与方法的出现,单幢建筑唱主角的形式常常对街道景观的整体性构成极大的破坏,建筑物越来越难以作为独立的构件与街道景观相和谐,某些传统的建筑空间越来越难以适应当代人生活的需求。同时,传统的城市管理方法开始落伍,人们越来越强烈地意识到,只有通过城市更新,对街道建筑空间进行各种适宜性改造,才能发展城市经济,复兴城市社会生活,真正实现建筑与街道景观的和谐、建筑与生活的和谐、建筑与经济的和谐以及建筑与历史文化传统的和谐。这与古人的思想"和五味"才能"调口","刚四肢"才能"卫体","和六律"才能聪耳是一致的。就此,提出街道建筑空间更新的和谐观,为街道更新注入新的理论活力。

1 街道建筑空间更新的四种空间体系

街道是由众多要素组成的极为复杂的系统结构,通过对街道建筑空间的剖析,可以全面还原我们生存其中的街道建筑的真实空间面貌,才能发现我们的街道建筑中尚存在不少空间比例失调或空间利用失控等问题。对街道建筑空间进行分类,是实现街道建筑空间和谐目标的一种方法,有利于我们游刃有余地针对不同的情况进行决策,选择不同的更新模式,使整个决策和规划设计的过程能够"对症下药",有利于我们提出消灭病态街道建筑空间问题的解决方案,最终"药到病除"。

根据《美国遗产词典》,"空间"的定义,源自于拉丁文的"spatium",指的

是 "在日常三维场所的生活体验中、符合特定几何环境的一组元素或地点；两地点间的距离或特定边界间的虚体区域"。

空间可分为哲学的空间概念和数学的空间概念：

（1）哲学空间：三维的，具有容纳物质存在与运动的属性。

（2）数学空间：多维的，从点的零维到面的多维（线是一维的，平面是二维的，体是三维的，曲面是多维的）。

我们对街道建筑空间的定义限定于有形空间，而排除了心理场空间。依据功能的不同，我们把街道建筑空间分为四种类型，即物理空间、装饰空间、生理空间、活动空间。这样分类避免了基于感性材料的机械空间分类法，而是把空间根植于对文化传统、经济活动、社会生活等各种因素综合分析的基础之上。

1.1 物理空间

物理空间是指由力学决定的结构空间，其建造的目的是为了满足各种使用功能，分割内外空间，起到一定的围合、遮蔽作用。物理空间支撑着建筑技术和艺术相统一的系统框架，是一种综合考虑空间、结构和细部的建构方式。随着使用功能的改变，物理空间又可能变成建构的负累，而重新走向内外空间、上下空间的分离。所以说，功能的错乱必将导致物理空间的丧失。

1.2 装饰空间

装饰空间主要是指丰富场所现象的载体，包括建筑的外表皮和内装饰，以及图腾等文化符号。这类空间涉及尺度、比例、材料、构成关系等问题，需要建筑师去掌握其中的真正规律。20世纪至今，建筑空间形式的发展，使我们看到建筑界、景观界最令人眼花缭乱的景象。面对着不同的主义和风格，人的街道感知能力因为过度泛滥的景象和"符号"而变得迟钝。

1.3 生理空间

生理空间并非指人们通过生理感觉所感知的空间，而是指满足人们生理需求的空间，包括设施空间、卫浴空间等。这类空间的缺失或不足都可导致人们对整个建筑的厌弃，进而引起对其他空间价值的忽略与排斥。

1.4 活动空间

活动空间是指承载人们各种活动的空间，这里的活动是指人的生活、工作和生产活动，也包括人的休闲娱乐交往等社会活动。活动空间总是具体的，是具体的社会事物的存在形式。活动空间的变更往往决定了建筑性质的转移。

尽管人们对它们有各自的倾向性认识，但四种空间一个都不能忽视。四种空间都有技术、组织和思想三个层次，但这些层次及其作用却不尽相同。更进一步说，每种空间都有其内在的特性。这四种空间，物理空间最具技术性，是空间建造的基础；而装饰空间则最具思想观念性，是社会身份的象征。

2 街道建筑空间与建筑空间的区别

这里所探讨的"街道建筑空间"和"建筑空间"是两个不同的概念，但彼此之间却有着很紧密的联系。街道建筑空间和建筑空间在概念上有着明显的重合。从客体对象方面看，两者都关注建筑的三度空间，两者的工作对象和范围在城市建设活动中呈整体连续性的关系；从主体方面看，对建筑空间和街道建筑空间的使用和品评，在人的知觉体验上也有一种整体的连续性关系。因而，我们把街道建筑空间看成是由建筑空间组成的相互有联系的序列空间的集合，具有良好的空间秩序和时间秩序，可以保证人的行为活动和视线不被打断，从而实现人对于街道的体验。街道建筑空间和建筑空间在目标、研究对象、涉及的学科、规划设计的委托者和应用范围等方面又有着明显的不同（表1）。街道建筑空间和建筑空间通过互相影响达到一种整合效果，建筑空间对于街道整体和谐性的贡献不在于建筑空间个体，而在于建筑空间在街道层面上的群体组合。具有良好空间形态的街道，其建筑空间具有良好的系统性，建筑的存在也具有一定的服从性。

表1 街道建筑空间和建筑空间的比较

	街道建筑空间	建筑空间
目标	街道建筑空间整体和谐性	建筑单体或局部建筑群内部系统和谐性
研究对象	建筑作为街道构成要素所形成的连续空间	单幢建筑物自身组成的空间
涉及学科	建筑学、规划学、景观学、心理学、生理学、法学、美学、人类学、社会学、行为科学	以建筑学为主，兼及美学、心理学、生理学、结构工程学、市政工程
规划设计委托者	政府、民间单位、社区等多重委托人	设计委托人
应用范围	街道建筑空间整体再利用及其改造	单幢建筑再利用及其改造

3 街道建筑空间更新的和谐观原则

街道建筑空间更新的目的就是去除街道建筑空间存在的不和谐要素和关系，使之达到和谐的状态。和谐在街道建筑空间更新中具有以下四项原则，也即街道建筑空间和谐观的价值取向：关系协调，多样统一，力量平衡，功能优化。

3.1 关系协调原则

所谓关系协调，在街道建筑空间更新中主要是指，我们要处理好街道建筑四种空间内部以及相互关系的协调。主要包括三个方面：一是比例恰当，其基本要求是街道建筑空间各要素"有余者损之，不足者补之"，使其比例符合孔子所说的"中庸之道"。二是各得其所，即各种街道建筑空间要素组合在一起时能够发挥各自的作用。街道建筑空间由多种元素组成，"和"是街道建筑空间存在的状态，没有"和"就没有适宜人居的环境，也使街道失去了存在的意义。只有街道建筑空间各要素的潜能合理释放，并与其他要素相互弥补，有机关联，街道建筑空间才能达到整体的和谐。三是协同运动，即街道建筑诸空间各要素作用点的收敛和作用方向一致，使街道建筑空间表现出高度的有序性和生命力。要素与系统的协同运动主要是指街道建筑空间要素的自变幅度与街道整体变化的协调。若要素的突变超过街道完整性和稳定性的承受能力，就会引起街道建筑空间要素之间的摩擦与冲突，甚至导致整个街道的衰败。

3.2 多样统一原则

所谓多样统一，即和谐必定是不同要素之间协同互济，而不是简单的同一。街道建筑空间要素的多样性是形成街道景观和谐的前提，不同的空间要素具有不同的质、能和效用，相互之间可以取长补短，形成各种组合和互补优势，从而提高街道系统的活力和效用。例如，不同的建筑立面的有机组合才能形成街道的韵律，从而造成最美的和谐。只是一种立面的简单叠加、一种色彩的重复使用，便失去了街道应有的味道和情调，也失去了街道持久的生命力。如果街道建筑空间的多样要素缺乏"和"的组合，就可能是"一盘散沙"。

当然，在不同的地区、不同的场所，街道建筑空间更新应掌握建筑多样性的"度"。在历史街区，对多样性的异质化控制是更新的根本，这种异质化的控制主要是对街道建筑装饰空间的控制，其次是对结构空间的控制。

3.3 力量平衡原则

所谓力量平衡，按照现代系统论的说法，就是和谐系统中的离散力和结合力彼此平衡。在街道建筑空间中，离散力是指街道建筑空间各要素自由度、自主性的表征及独立、分开的倾向，结合力是指街道建筑空间各要素间的接近、凝聚的倾向。只有离散力和结合力彼此平衡，街道建筑空间系统才能维持稳定状态。离散力过强，结合力太弱，街道建筑空间系统就会解体；离散力太弱，结合力太强，街道建筑空间系统就可能走向简单的同一而远离多样的统一。在街道建筑空间更新的过程中，我们要针对离散力过强的建筑空间进行重新调整，以期加强街道的结合力，达到力量的平衡。

3.4 功能优化原则

所谓功能优化，是指和谐的街道建筑空间才能具有最佳的功能，体现出系统论中的"整体大于部分之和"的效果，表现出良好的对象性效应。有人把街道概括为三种功能类型。第一类是由市政建筑主导的市政街道，这些市政建筑包括剧院、音乐厅、博物馆和政府办公大楼等；第二类是商业街道，常用来体现城市的特征；第三类则是居住性街道。街道也可以同时具备两种或三种功能。对于社区居民来说，单一功能的街道难以满足人们生活、工作和购物等的多种需要，而混合多种功能的街则可以给人们提供极大的方便。传统城市将居住和办公设施安排在底层商业街的楼上，减少了对城市交通的依赖，这作为一种理想的生活方式，常常被加以借鉴。在街道建筑空间更新中，我们可以通过对街道建筑活动空间进行适宜性的调整，来实现街道空间功能的置换，从而达到街道空间功能的优化。

4 和谐观指导下的街道建筑空间更新

根据街道建筑空间更新和谐观的四项原则，我们可以通过对街道建筑四类空间的调整、补充、改造、重建，去除不和谐的要素来实现街道建筑空间的更新。这些工作主要处于规划设计层面中的设计装饰层面（表2）。根据街道建筑空间的具体状况，我们可以找到与街道建筑空间相对应的价值取向，并对更新的目标进行有效决策。决策的方向主要有几种：物质决策、历史决策、经济决策、社会决策和生态决策等。通过决策，明确哪类空间可予以保护、置换或拆建（图1）。

对四类街道建筑空间进行的不同保护、置换或拆建，可以产生多种街道建筑空间更新模式，这些更新模式也显示出街道建筑空间更新的结果。基于街道四类建筑空间保护和置换方式的不同，街道建筑空间更新模式按照空间更新的数量，可以把更新分为单要素更新、多要素更新和全要素更新。每种模式都有其适用的范围。每条街道、每栋建筑、每种空间，都有其独有的特性和自身的局限性，选择最优的更新模式才能促进街道的和谐再生。

表2　街道建筑空间更新的规划设计层面分析(作者绘制)

	决策者	内容
策划、规划层面	政府、开发商	地块建筑的密度、容积率等
规划、设计层面	规划师、建筑师	地块建筑设计和控制，如建筑高度、轮廓线控制等
设计、装饰层面	建筑师、景观设计师、艺术家	地块建筑功能、建筑外表皮、街道环境等

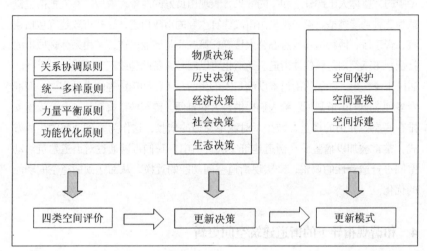

图1　街道建筑空间更新步骤

5　小结

总之，在我国城市化的过程中，有很多的街道建筑空间急待更新建设，在这种背景下，适时地提出要以和谐作为根本原则和目标的街道建筑空间更新，抵制急功近利的思想和做法，深入研究经济、社会、文化和生态等多维因素，将有利于街道更新模式的选择与决策，最终达到各方效益的最优化。

参考文献：

[1] 傅治平.和谐社会导论[M].北京：人民出版社，2005

[2] [英]克利夫·芒福汀，泰纳·欧克，史蒂文·蒂斯迪尔，著；韩冬青，李东，屠苏南，译.
美化与装饰[M].北京：中国建筑工业出版社，2004

[3] 王建国.现代城市设计理论和方法.第2版[M].南京：东南大学出版社，2004

高铁站点对周边区域空间影响研究
——以成都犀浦站为例

彭益旻　杨春燕

(西南交通大学建筑学院)

1　高铁站点对周边空间影响

高铁站点主要指高速铁路在某地方停靠，作为目的地或是交通衔接与交通方式转换的过渡空间。高铁站点汇集着在此换乘的人流、车流以及物质流。高铁站点除令旅客暂作休息外，还是一个将旅客、物质换乘各种交通方式的过渡站，与城市的内部交通产生复杂联系。以高速铁路站点为核心的高铁站区由于交通可达性的提高，一方面通过聚集作用给站区带来了地价上升、劳动人口数量增加和生产活动的汇聚，因而对站点周边地区产生了向心力；另一方面，土地开发力度加强，人口增加和生产活动带来的污染也会造成土地的贬值，站点同样会对周边地区产生驱离效应。城市高架交通线路的建设使城市呈现立体化交通的格局。它缓解了城市交通压力。在城市高架交通对城市土地利用的导向作用下，城市高架交通沿线土地开发强度高。结果是大量商业建筑和高层高档住宅聚集在沿线两侧，形成城市中密集的带状中心。而在站点附近的聚集效应则显得尤为突出。

在国内各城市的高铁站核心区部分，由于国内高铁大部分采用高架桥的方式，穿越城市，各高铁车站大部分也采用高架的方式，打破了铁路对城市产生分割的作用。高架交通线路一般位于地面交通线路的中央分隔带上方，或者穿越城市绿地广场等开敞的地带。由于高架交通沿线建筑物总体高度大，在高架线路和沿线建筑物之间购物和休闲活动的行人，犹如在钢筋混凝土的森林里，十分容易产生压抑感。结果使城市高架交通沿线地段不适合人的活动，土地开发效益也会受到影响。

而在高铁客运站周边地区在建设的过程中，过分追求经济效益，在城市设计的过程中忽视地方特色。有些地区的高铁客运站区建设丝毫不能反映出城市的特质，主题不明确，忽略了当地特色，单纯追求所谓现代化，结果是手法单一，面貌千篇一律，将现代化和民族文化、地方文化对立起来，而忽视了对传统文化的体现，缺少了空间的可识别性。

图1　犀浦地理位置图
图2　站点周边情况分析图

2　犀浦快铁站点背景介绍

犀浦镇位于四川成都市西郊，距市区7 km里，离县城11 km，史称"古晋兴城"，传说因蜀太守李冰治水时沉石犀成浦而得名，迄今已有近3000年的历史。全镇面积28 km²，辖18个村、7个街道居委会，总人口5.6万人，其中城区人口2.9万人，建成区面积3.8 km²。国道213线、成灌高速公路及兴建的城管高铁并行穿越全镇，成都市绕城高速公路环绕城镇（图1）。

成都至都江堰铁路（成灌快铁）起于成都北站，在铁路西环线安靖（郫县）站向西引出后，沿国道317线成灌公路走向延伸，止于都江堰市青城山镇，并与地铁2号线在犀浦同站换乘。初步拟定的站点有安靖、金牛、犀浦、红光、郫县东、郫县西、安德、崇义（预留）、聚源、都江堰、中兴（预留），最后抵达青城山镇。研究基地则为其中途站——犀浦站及其周边环境（图2）。

犀浦车站站房建筑面积约7005 m²，站台宽度15 m，有效站台长度为450 m，也是地铁2号线西延伸线的终点站。该站西接红光站，东接金牛站。在地面上共有两层，一层设置服务区、售票厅、办公室、设备室、机电室、信息室等，二层专用于乘车和候车。

3　犀浦高铁站点对周边空间环境影响

通过基础资料的收集实地调查(图3a、b)，分析得出一些现存问题，如：

（1）体量庞大，对街道空间尺度产生破坏，给人压迫感，占用开敞空间，空间失去识别性。高铁站建筑尺度与原有建筑的强烈对比，空间环境过渡生硬（图4）。

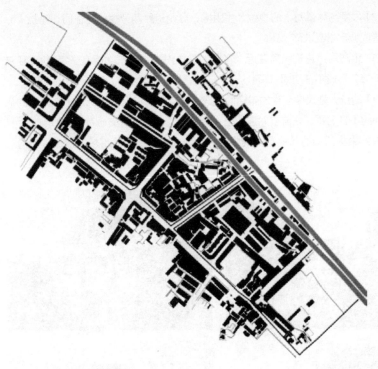

图3a 图底关系分析图

高架交通下部空间和
周围空间的不良利用

建筑退距不够，
形成不良空间

高铁站建筑尺度与
原有建筑的强烈对
比，空间环境过渡
生硬

站前空间迫使原有道
路改道，并形成没有
良好利用的空间

图3b 调查分析图

173

（2）尺度与体量对人的视线产生阻隔，分割道路两旁视线与空间，遮挡天际线，造成城市景观破碎（图5）。

（3）距离周边建筑距离较近，产生的噪声对周围建筑功能有一定影响，建筑退距不够，形成不良空间（图6）。

（4）站点大型尺度产生的新空间造成人口聚集，以及高架交通下部空间和周围空间的不良利用，站前空间迫使原有道路改道，对原有交通有一定影响，并且造成人群聚集活动的开敞空间缺少，并且形成自发聚集的市场，造成安全隐患（图7）。

图4　破坏原有空间尺度

图5　视线阻隔，破坏景观

图6　站点与建筑距离

图7　空间的不良利用

4　犀浦站点对周边空间尺度影响分析及改进措施

人对高架车站的使用和感受基本分3个层次：

（1）从外部远眺高架车站的整个使用环境的感受。

（2）高架车站与周围街道空间以及建筑之间形成的空间的视觉感触和使用感受。

（3）高架车站自身形态的视觉体会，即对文化的物质载体的体现、环境的认同感、认知感以及场所精神的塑造。

高架轨道线路站点的主要组成部分是站点建筑和高架桥，这些高架建筑的特点是体积庞大、距离长，是城市旧城区中许多建筑在尺度上都无法比较的人工建筑，它不仅仅拥有很大的使用价值，而且具有特殊现代化意象象征和精神价值。所以，高架轨道也就成为了一个小型城市的主要物质构成之一。而周围的其他体量较小的建筑物，无论在尺度和体积上，都有特别大的差异。同时，也有很多商家看好高架线路交通吸引人流带来的经济效应，在其两侧大量兴建商业区，对这里的空间的无规律利用，对整个城市的尺度就带来了一定的影响。

4.1　对开敞空间尺度影响分析

高架桥作为城市轨道交通高架区间的主要构筑物，其产生的汇聚作用主要有以下方面：

（1）视线的汇聚

高架凭借其巨大的体量，恢弘的气势，在城市中伸展蔓延，具有极强的视线控制性和标识特征，很容易成为城市中的地标。然而这种地标的性质却存在着两面性，如果其形式合宜，形态美观，与周围空间形成良好的衔接，则能给人以愉悦感，成为城市中的社会、经济、文化的带动点，反之则会成为阻碍城市发展的因素。

（2）人流的汇聚

轨道交通作为一种较大运量的公共交通形式，每天都承载着巨大的交通人流，并且会带来更多车流的汇聚，从而在站前形成交通的蜂腰，若在空间上的尺度不适宜，则会不利于周边空间的良好发展。而且随着城市进一步扩张和城市内机动车的急剧增加，轨道交通对人流的汇聚效果还有增强的趋势。

犀浦高铁站点处的原有状况是一条与老成灌路交叉的街道，其开敞空间非常空旷。而在此建设高铁并且设置高铁站，则完全改变了此处的空间形式和结构。使原有的街道空间被间接隔断，原有的沿街开敞空间发生了巨大的变化。在高铁站旁依附了新的空间，以及在高铁高架桥下产生的新的"灰色空间"。并且原有的街道交叉口的车流疏散空间，突然变为人车混行的重要集散空间。致使许多空间的变化对现有的人的使用产生了许多不良的影响。

犀浦高铁站点高架桥高约14 m，桥下空间高约6 m，站台宽度为15 m及桥下空间的宽度为15 m。而高架桥南侧建筑为6层商住，高约20 m，而在间距上有30 m。此空间的宽度与高度的比例给人感觉比较开敞。但是有一部分的空间则显得与车站的距离非常近，给人以明显的压迫感，感觉不到空间的开放性，特别是在站前的小广场，使人感到狭窄局促。（图8）

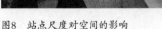

图8　站点尺度对空间的影响

轻轨交通高架线路所在空间形成一种城市廊道，同时具有一种屏障和通道的功能，如果与周边的空间关系处理不当，则会割裂此处的城市空间，造成城市景观的破坏。城市空间破坏的表现就在于城市形态的割裂和空间形状的破碎，高架桥身像实墙一样穿插、切割城市，使城市空间变成了孤立的、互不联系的各种尺寸碎片的集合体，城市景观也随之碎裂。

4.2　对开敞空间的改进措施

（1）空间尺度

日本著名建筑师芦原义信在《外部空间设计》中，提到人与人之间距离的讨论应用到外部空间的讨论中。D/H 可以是建筑与建筑之间的距离与高度，也可以发展到人与人之间的脸部高度同距离，还可以延伸到广场的宽度与主体建筑的高度之比、人与建筑高度或宽度之比等，应用非常广泛。高架桥的垂直界面对空间的影响有很大关系，并且形成了特殊的外部空间。在城市设计中，高宽比对于空间有着重要的意义。（图9）

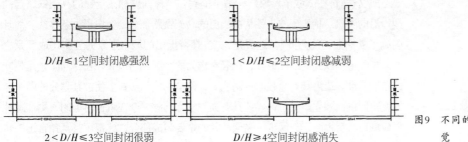

D/H≤1空间封闭感强烈　　　　　1＜D/H≤2空间封闭感减弱

2＜D/H≤3空间封闭很弱　　　　D/H≥4空间封闭感消失

图9　不同的高宽比带来的感觉

人们对街道周围环境的心理感与街道的宽度（D）和建筑物的高度（H）的比例关系，也与行人本身的活动空间的大小与舒适程度有关。当D/H增大时，人们对周围环境感受到的压迫程度明显减小。由于高架交通线路有最低净空的硬性规范要求，高度难以降低，所以，适当增大高架线路与建筑物之间的距离是改善人们对周围环境压抑感的比较好的方法。如果将城市高架线路也看做是建筑物，那么D即为建筑物到高架线路边缘之间的距离，而H则是高架线路的高度。

在此可以运用《外部空间设计》中"D/H理论"对此情况进行改进，创造D/H=1的宜人尺度。可以在满足高铁控制距离的条件下，将站点旁的楼层高度降低至D/H=1。另一种方式可以将建筑物与之距离增加至D/H=1，从也可以达到空间优化的目的。考虑到高架线路一般没有建筑物高，可以将原有比例扩大到D/H为1.2～1.5。这两种改进措施可以在不同的空间依据实际情况的需要混合使用，这样也可以使空间产生变化，打造空间的丰富多样性。

（2）空间的公共与私密

小空间的打造也可以创造舒适的环境，也可以促进人与人的交往。《街道的美学》一书中曾提到："城市本是由社区到私密性的分段秩序构成，城市过于庞大杂乱，小型安静的空间就显得十分重要了。所谓小，并不意味着空间的狭窄。正因其小，才看到积极实现它的价值，因空间过大而未能实现丰富的内容，却可从'小空间'中发现"。

由此可见，我们可以通过尺度及其围合的控制，将这种不属于谁的小空间划分给普通人群，每个人都可以感到空间的公共性到私密性的过渡，从而丰富人在空间中的感受。半私密空间可以增加人们的交流场所，利于场所精神的塑造。

5　犀浦站点对周边景观视线影响分析及改进措施

5.1　对景观视线影响分析

凯文·林奇在《城市意象》一书中提到："泽西城和波士顿的高架铁路是高架边沿的实例。抬头望波士顿华盛顿街的高架铁路部分，突出了这条路线。而且明确了去商业街的方向"。边界是凯文·林奇提出的城市形象的五个构成要素之一。指除道路以外的线性成分，一般它作为两个区域的边界存在，同时也是侧向的参照基准。边沿具有很强的分割能力，他从功能和形式上使被其划分的两个区域变得明确而独立。同时边界还具有强烈的方向感，令在轨道附近的人更清晰地形成城市心智地图，是城市"易读性"的重要组成部分，林奇还甚至预言这些轨道交通高架构筑物会成为未来城市决定方位的要素。其中说明了大型轨道交通对于城市空间发展的重要性。

对于犀浦高铁的尺度和形态，在本区域中体量庞大，显得突出，更是具有城市意象的分割性和导向性。一方面使城市景观视线在一定程度上有一定的分割，影响了景观视线，对开敞空间有一定影响。另一方面还吸引各种行为沿着高架铁路周边而产生和发展，若不进行空间的有序利用，则会形成混乱的人群，影响各种空间发挥其应有的功能。

5.2　对景观视线改进措施

站点附近的高架铁路对空间的阻隔，很大程度体现在对人的视线的阻隔，而致使人感觉空间是被阻挡隔断了。如果在高铁站旁紧邻的开敞空间具有一定的宽度，或者建筑的距离大一些，则可以使人看到一定面积的天空以及后面的城市天际线，人在进入高铁下灰色空间的时候则会有一种穿越感，保证了空间视线的通透性。（图10）

相关研究表明，人眼的视距呈锥状，其水平方向较宽，垂直方向较窄。一般在速度较低的情况下，速度对视场角没有很明显的影响。人们把视线投向对面建筑，仰角小于10°，正常时为6°或者7°。如果透过高架桥底还能看到街道对面一些蓝天，人们会感到视线穿透感很好，车站和区间桥梁对街道的割裂作用将大大减弱；当人们可以看到街对面2层左右高的铺面时，对于静态景观可以接受。

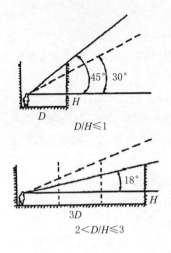

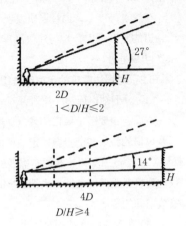

$D/H \leqslant 1$

$1 < D/H \leqslant 2$

$2 < D/H \leqslant 3$

$D/H \geqslant 4$

图10 视线与尺度分析图

6 犀浦站点对周边建筑尺度影响分析及改进措施

6.1 对周边建筑尺度影响分析

建筑的尺度与空间的联系非常紧密，建筑的外墙则是空间的内部边界。我们可以由城市设计的方法对此进行分析，发现此处建筑对空间产生了许多影响。（图11）

高铁站点周围建筑没有根据新建高铁站的影响来进行调整，高铁站的尺度对于原有老城的建筑尺度来说是一个巨大的体量。新建的高铁站生硬地将整个城市肌理打破，而没有有效的过渡，从而使人感觉建筑之间的格格不入，在整个城市风貌上显得不协调。（图12）

图11 犀浦站与周边环境
图12 犀浦站与周边建筑尺度
　　　分析

另一方面，在间距上也没有满足此高铁要求的30 m距离，高铁运行和高铁站点的噪声也对居住有一定的干扰。不仅如此，站点前的商住区会聚集大量人群，没有配套与大体量高铁站相应的商业设施和集散空间会使人群拥挤在原有的狭窄小空间里，并不利于人、车的疏散。

在建筑高度上，通过调研发现此处几乎没有高层建筑，建筑基本为多层，由于街道的宽度不大，其与建筑高度的比例也显得比较有压迫感，街道狭长阴暗，采光也不理想。

6.2　对周边建筑的尺度改进措施

（1）对于站点周边的建筑，对一些存在历史文化性质的建筑进行保护，而在另一方面，也要跟上城市的发展，适当做出调整。在此案例上，需要对建筑尺度以及风格的统一与衔接做一定的考虑。

（2）站点周围建筑在原有需要保护的建筑的基础上，适当增加建筑层数。不仅为建筑退距保证条件，也把更多的场地提供给市民的活动需要，进行开放交流集散空间的塑造。

（3）在解放空间的同时，也要考虑各种空间的连接，使原有小尺度的空间与大尺度空间和大尺度建筑进行有机结合，或者在建筑的设计上，将建筑之间的流线连接，减少机动车道上行人带来的压力，设计出与原始情况有机结合的建筑形态和城市肌理。

（4）结合建筑将各种空间进行系统化的综合规划设计，做到过渡自然与变化丰富。

7　结语

通过对犀浦高架快铁站点尺度对空间的影响分析，得出了一些高架交通极其周边环境的建筑及开敞空间尺度人性化设计建议及改进措施，对类似的空间环境设计提出一些参考。通过研究，对高架快铁站点及其周边空间的人性化设计进行提高，从而促进站点对人的吸引，以带动整个城市的社会、经济、文化的发展。

参考文献：

[1] 张利敏. 高铁站点地区城市空间形态及景观特色策略研究:[D]. 武汉：华中科技大学，2011

[2] 李松涛. 高铁客运站站区空间形态研究:[D]. 天津:天津大学,2009

[3] 吴瑞麟,叶仲平. 城市高架交通沿线环境景观分析研究:[J]. 华中科技大学学报(城市科学版),2006,3:9

[4] 朱峰. 高速铁路站点周边地区规划与开发研究:[D]. 苏州：苏州科技学院 , 2010,6

[5] 井维仁. 高铁客运站周边地区城市设计研究:[D]. 西安：西安建筑科技大学,2012

[6] 路达. 高架轨道交通景观设计[J]. 科技资讯(12),2001.1:25

[7] 张文超. 轨道交通高架区间沿线空间利用模式研究[D]. 西安：西南交通大学,2012.6:98-103

[8] 李媛媛. 高架轻轨对城市景观的影响研究—以武汉市轻轨一号线一期工程为例[J]. 中外建筑(2),2009.1:18

[9] 芦原义信；尹培桐,译. 外部空间设计[M]. 北京:中国建筑工业出版社,1985

[10] 梁正,陈水英. 路中高架车站的景观设计[J]. 都市快轨交通(22),2009.2:53

基于文化价值提升的城市空间研究
——以成都青羊区东坡片区城市设计为例

杨春燕　闵　书
(西南交通大学建筑学院)

在今天中国千城一面的困境中，如何挖掘城市固有的传统文化和地域特色是城市设计需要研究的重点。城市设计应基于文化价值的提升，重塑城市空间的魅力，重新创造出令人亲和的城市空间和城市形象。

以下以成都青羊区东坡片区城市空间设计为实证来研究从城市文化角度促进城市空间设计的途径和方法。成都东坡片区与苏东坡有很深的文化渊源，片区内曾经有东坡桥、东坡井、东坡村，这些文脉大大地丰富了片区的文化内涵。东坡片区定位为集旅游、文化、休闲于一体的高尚住宅区，是"人居青羊"的重要组成部分。片区现状主要产业为住宅产业。片区住宅建设目前呈现高速增长态势，高档楼盘在未来两年内将相继完成。房地产开发完毕后，东坡片区将如何面对经济高位运行？如何塑造"东坡"这个区位品牌，打出名气？如何优化产业结构、提升东坡片区潜在商业价值？如何利用景观优势提升居住价值？为了解决这些问题，需要宏观、前瞻地进行总体规划和策划，为此，2006—2007年期间在政府机构的组织下进行了东坡片区城市空间概念设计。整个城市设计实践基于文化价值提升而展开，着力挖掘了该片区的文化内涵，重点在于促进其区域文化价值的提升。

通过此次城市设计将使片区功能定位更准确，对片区产业进行重新布置，为产业结构调整做好前瞻引导。此次设计的核心目的在于提升片区城市价值，包括文化、商业、居住等。使设计成果对片区将来的发展和建设趋势能够进行规范和引导，并指导开发建设单位尽可能发展商业业态，均衡产业布局。

本次城市设计的核心目标是：塑造东坡文化品牌、带动商业均衡发展。

希望通过此次方案设计，成功塑造东坡文化品牌。在成都市城西文化旅游产业中，从杜甫草堂到金沙遗址的旅游商业流线过渡到"东坡故里"，为成都创建最佳旅游城市再增亮点。

1 东坡片区城市公共空间设计核心思路

1.1 提升四大价值

本次城市设计着力提升东坡片区四大价值：文化价值、商业价值、居住价值、生态价值。

（1）提升文化价值：塑造"东坡"品牌，再增文化旅游新亮点

东坡片区曾是大文豪苏东坡生活和创作的地方，"东坡文化"在这里有着深厚的文化底蕴与水土渊源。片区内曾经有东坡桥、东坡井，都是为了纪念苏东坡而命名的。苏轼的浪漫风格以及民间广为流传的故事为打造片区"东坡文化"创造了非常好的条件。

塑造"东坡"品牌可达到文化带动旅游、旅游带动商业、商业带动居住价值提升的新产业链。

（2）提升商业价值：商业均衡发展

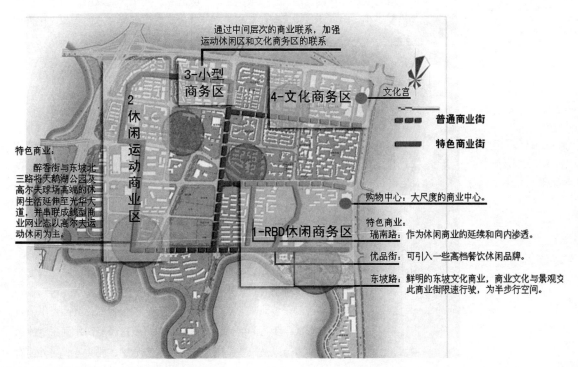

图1 文化产业布局图

文化带动旅游，旅游带动商业。商业发展可以为片区经济可持续发展提供动力。本城市设计通过塑造"东坡"文化品牌、优化产业布局来实现商业均衡发展的目的。规划后的片区可实现点、线、面相结合的文化商业网络。为居民提供高档次的商业服务和休闲消费场所，为当地政府和管理部门提供长期稳定的财务支持，达到合理的造血机制。

（3）提升居住价值：高尚生活样板区——不能居住在公园，就让公园居住在周围

片区现有大量中高档新建楼盘，如优品道、凯旋城、水映长岛等，都勘称城西居住建筑的典范。本城市设计所着力塑造的"东坡"文化新品牌，使东坡片区飘逸着厚重的气息；文化商业网络实现了片区商业均衡服务；高达42%的绿化率，改扩建的重点绿地公园结合独特的自然生态优势都将大大提升片区的居住价值。使在这里的人们感觉到被公园环抱的居住幸福。

（4）提升生态价值

东坡片区拥有清水河沿线形成的大面积湿地，300亩滨河生态空间、四大公园，成为成都三环内绿地和公园最集中的片区之一。光华大道以南、清水河以西的沿河绿化带中，将设置成都最大规模、天然资源最优越的"苏坡水岸文化带"。2.2公里长的清水河是成都市重点打造的滨河景观之一，清水河畔将形成运动、娱乐、休闲、生态居住为特色的河滨绿化生态走廊。此次城市设计重点打造的城市绿地和公园也将大大提升片区内的生态价值。

1.2　重塑文化品牌，优化产业布局

在本次城市设计中，将调整优化产业结构作为设计的重中之重。新规划的方案中将片区产业分为四大板块，分别为：①RBD休闲产业文化片区；②天鹅湖运动休闲商业区；③微型CBD商务区；④以市文化宫为中心的文化商业片区。这些片区以东坡路、光华大道、瑞星路等线型商业相连接，形成点、线、面相结合的文化新网络。

东坡路周边有很多新开发的高品质的楼盘，以及高档休闲运动场所，对于打造RBD有得天独厚的优势。北面的优品街也将被打造成为酒吧、餐饮特色一条街。东坡路、滨河公园相融合，形成了文化主题突出的步行环境及活跃的商业氛围。使此休闲商圈成为成都最有特色的首个RBD休闲区。

规划中希望能够控制东坡路车流量，街道中间有一条带状绿化公园可供人行走，两侧通车，使其形成半步行的街道。清水公园内将引进游船清水河景观旅游项目，沿河布置了滨河步道以及一些茶廊、洗浴廊、酒吧廊、码头等，另外还有望月塔、东坡亭、东坡井等滨河景点。在这样一种浓浓的人文气息中，听着东坡

的故事，体会现代化的生活，正是东坡RBD带给人们最独特的享受。

图2　城市滨水空间—清水公
　　　园空间设计图
图3　城市开放空间—"西园"
　　　空间设计图

2　东坡片区城市公共空间概念设计成果

此次城市概念设计主要解决了下述问题：

（1）使片区功能定位准确，产业布置清晰

通过设计，使片区"文明、生态、安全、高尚"住宅区位明显，并指导开发建设单位尽可能发展商业业态，均衡产业布局，使住宅产业中有足够体量的文化休闲商务区，为产业结构调整做好前瞻引导。

（2）对片区城市发展和建设现状及今后发展趋势进行了规范和引导。

在微型CBD的发展上，办事处给予开发企业必要的咨询和建议。对公共开放空间，如河滨带、绿地、道路这类公共产品，也说明了应由政府，尤其是办事处应成为建设主体，要积极主动地参与，也应交予办事处实施

（3）提升了片区城市价值，使文化、生态、商业、产业发展有轨迹可循

概念设计主要是项目推进，重点以河滨带、公共绿地、道路为基础，提供文化资源，结合杜甫草堂民俗文化、金沙史前文化，发掘东坡休闲文化，打造旅游、体育、休闲的商务文化(RBD)，辅之微型商务(CBD)项目，持续提升经营城市的价值。

3　结语

注重文化理念来进行城市设计,才能有效地利用城市文化促进城市的发展。

东坡片区城市空间设计从分析城市文化的角度进行了城市空间的研究，以文化带动产业，从而优化了片区商业产业布局，优化了居住、生态价值。从而提升

成都青羊区东坡片区鸟瞰图

西南交通大学建筑勘

图4 成都青羊区东坡片区鸟
瞰图

了片区在急速增加的发展项目上隐含的文化、商业、休闲、旅游等多方面潜力和商业价值，带动东坡片区迈进更加广阔的城市营运模式，为和谐社会的建设提供了极具前瞻性的城市概念设计。

参考文献：

[1] 王新跃,仲德崑. 公共文化视角下城市设计的指标与分析框架. 现代城市研究，2009,(9)

[2] 王建国. 现代城市设计理论和方法. 南京：东南大学出版社，2004

[3] 沙里宁,著；顾良源，译. 城市——它的发展、衰败与未来.北京:中国建筑工业出版社, 1986

[4] 凯文·林奇，著；方益萍,何晓军，译.城市意象.北京:华夏出版社,2001

[5] 刘琮如. 系统科学方法及其在城市规划中的应用.华中建筑,2005，(7):15-16

[6] 宋丁. 城市学.太原:山西人民出版社,1988

[7] 蔡竞. 可持续城市化发展研究——中国四川的实证分析.北京:科学出版社.2003

[8] Birkhauser. Sustainable architecture and urbanism:concepts， technologies， example.London: Spon Press，2004

古代西安城市景观的现代表达
——空间视角下的西安城市色彩

周文倩　刘　晖　杨　军(西安建筑科技大学)

　　西安通过其独特的城市个性与鲜明的地域、人文特征展现其城市魅力，这座城拥有得天独厚的自然景观基础，更具备千百年来在这城里生活的人们积淀的文化传统，是"天人合一"的杰作。西安可说是拥有着盛世文化的古城那么如何将古代长安城的城市风貌在当今社会形态下重现是西安众多城市研究者一直关注与探讨的问题。以下试图通过对城市色彩的研究与探索来实现展现西安古城特色的途径。

　　色彩作为自然界的一种客观表现，无时无刻不在传达着世间万物的特点。色彩也在众多的营销、设计以及心理学层面上得以广泛运用。如在商业当中著名的"七秒原则"，即在人们看到商品的前七秒往往已经决定了对该商品的喜好程度，这是物体色彩被动表情的传达。相关数据表明，我们在外界信息的获取中，87%是靠视觉来完成的，因为物体的色彩最先引起视觉的反应，其次才是形状、质感等，可见色彩在我们生活中的意义。因此，一个城市的色彩不仅仅是视觉活动的对象，也是其向世界表达独特的传统文化和地域文化、体现现代文明的重要渠道。

1　西安城市色彩体系

　　一个城市所具备的条件，诸如硬质环境、软质环境，构成了其最基本的环境色彩，其包含了自然景色、建筑物、文物古迹、市政交通与管线设施等。然而建筑对一个城市的色彩主色调的确定起到至关重要的作用，是城市的主要构成物。

　　西安作为中国历史上仅有的十三朝古都，积淀了历史上各朝各代鲜明的特色。秦砖汉瓦的灰色、唐代大小雁塔城墙的土黄色、钟鼓楼的赭石色等等，共同将西安这座城市映衬得色彩艳丽。数千年以来，薪火相传，绵延不绝，共同构成了现代西安所独具的城市建筑色彩传统。每一个城市的色彩，在最初形成的时候都是自然和历史选择的结果。其中有自然地理条件的因素，有城市功能的因素，有社会政治环境的因素，当然也有建筑材料演进和人们审美情趣变化的因素，所有这些因素叠加在一起，便形成了这座城市最为本真的色彩状态。

2 西安城市色彩的影响因素

2.1 影响城市色彩的外在性因素

2.1.1 自然环境状况

自然环境要素在城市色彩评价和建设中发挥着越来越重要的作用。由于工业化的兴起，经济的发展，人类对资源的"掠夺"式经营和不恰当的开发利用，大气污染、水体富营养化、土壤酸碱化等环境问题日益凸现，"人地关系"也遭到越来越严重的破坏和恶化。这种自然环境状况与城市的形象特征格格不入，给城市带来极大的"负面效应"，为城市色彩添上了浓重的败笔。

2.1.2 地域特征因素

不同的地域环境，决定了不同的人种与生活习俗，同时也形成了不同的文化传统，这些因素都导致了不同的色彩表现。同样是黄颜色，不同的国家对其有着不同的理解。在日本，黄色被认为是阳光的颜色，给初生婴儿穿的衣服要用黄色，给病人做的被子要用黄棉花，是自古以来就有的风俗；在中国，黄色意味着伟大和神圣；在古罗马，黄色也是作为帝王使用的颜色而受到尊重。

2.1.3 区位条件因素

区位条件是城市特色与城市发展的重要因素，这一因素所产生的影响是不以人的意志为转移的。从区位条件的角度，城市被分为海滨城市、山地城市、平原城市等，并因此体现出不同的形象特征，如地中海沿岸城市金黄色的建筑色彩，江南水乡白墙黛瓦的城市氛围，西北小镇的戈壁沙滩之景，哈尔滨"冰天雪地"的景象，是任何其他城市所无法媲美的。而这些城市之所以能成为名扬中外的旅游城市，吸引成千上万的旅客观光游玩，显然是与其独特的区位条件密不可分的。它们的自然和经济地理位置使这些城市的城市色彩染上了固有的特性，成为其区位的资源优势。

2.2 影响城市色彩的内在性因素

2.2.1 城市性质、职能与规模

城市的性质指出了城市的不同特性和发展方向，是城市规划和城市设计的基础依据，对城市的结构和发展布局具有决定意义，因而在城市色彩规划设计的实际操作中，对于城市功能区域的划分、重点景观的确认等都有着指导意义。同时，城市的性质同样可以为色彩规划设计展现城市的特点和个性等文化层面的意义。不同职能的城市所要求的城市色彩截然不同，例如作为政治和文化中心的首

都北京在城市色彩上要求肃穆庄重，不能随意。而上海则不然，它是经济中心，因此，上海的城市色彩则以轻快亮丽的色彩为主。城市规模的大小在城市形态上直接反映了城市功能分区的明确及完善程度、人们对城市面貌进行认知的方式和能够把握的完全程度。一般情况下，小城市更为容易形成自己整体、独特的城市色彩环境，其色彩规划的策略有条件强调整体统一性，以城市的人文条件或自然环境的某种典型特征为出发点，使城市具有整体协调统一和个性鲜明的色彩。而大城市则不然，在现代城市的形成发展中，当城市具有一定规模之后，其功能分区的种类、特点便具有一定程度的趋同性，城市建筑的组成和形态也会随之不可避免地产生趋同，这一现象从城市功能需求的角度看，是有其必然性的。

2.2.2　城市空间结构

城市空间结构是城市社会经济结构在空间上的反映，与城市的产业布局有着密切的联系。中央商务区、过渡带、工人住宅区、高级住宅区、通勤带的布局安排，同心圆、扇形或多核心等空间模式的选择，都将通过影响城市的社会经济活动而对城市色彩产生影响。城市空间结构不仅与政府行为有关，而且和城市的发展历史密切相连，具有较强的历史文脉性。

2.2.3　城市产业布局

城市产业布局必须遵循城市经济可持续发展的原则，维护社会、经济和环境三者协调发展，如果一味追求经济利益而将噪音大、污染严重的产业布局在江河的上游，将排放大量废气、废水、废渣的产业安置于市区中心，都将毫无疑问地给城市自然环境带来严重污染，与城市色彩的建设背道而驰。

2.2.4　城市建筑物

建筑是城市环境中最有代表性的色彩载体。建筑体现的色彩倾向是构成城市色彩特色的主要因素。建筑材料构成建筑物，建筑物是城市色彩的重要载体。城市建筑物的色彩对它所在城市的色彩具有很大的影响。"色彩地理学"*就是以建筑物为主要载体来研究某一区域的环境色彩的。同时，建筑物又与其周围环境有着互为依存的内在联系。二者的交相辉映才能构成一个城市多彩多姿的色彩风景线。以上海市南京东路步行街为例，设计师通过铺地划分、花坛、树木、小广场、喷池等手段，创造了和谐统一的室外景观，达到了购物、休闲、娱乐于一体的多重效果，充分折射出"海派文化"的底蕴。因此，设计师如能适应社会发展的需求，通过布局、质地、风格的多样化创造出细腻而富有人情味的城市空间，必将强化城市个性，丰富空间层次，使城市色彩添上人文情怀的成分。

* 注：色彩地理学La Geographe de La Couleur是法国现代著名的色彩学家、色彩设计大师让·菲力普·郎科罗（Jean-Philippe Lenclos）在20世纪60年代创立的实践应用型色彩理论学说。

2.2.5　城市的历史文化

社会历史文化背景是城市文化内涵的核心所在。历史发展和文化特色也是影响和制约城市色彩的重要因素。每个城市由于自身发展道路的不同，城市的发展起点和基础也千差万别，这不仅影响到城市的经济发展状况，而且在相当程度上对城市色彩的建设起着决定性的作用。城市色彩受城市历史和人文因素影响很大，不同的国家和城市，因民族信仰、历史、风土人情的不同而对色彩有不同的偏爱，从而形成风格不同的城市色彩。

3 西安城市主色调

西安市政府为了能够与西安古城所处的自然环境色彩相协调，同时又能够突出表现其鲜明的域特色，因此在2004年唐皇城复兴规划中，将西安市城市建筑定为灰色、土黄色、赫石色为主调的色彩体系。这三种色调充分概括了西安几千年累积下来的城市特色，传达了西安和谐与幸福的城市表情。

3.1 灰色系列的色彩体系

灰色（秦砖汉瓦的传统背景颜色）是西安城市建筑的主色调，采用这种色调首先是表达对古都传统文化的尊重，如大量的居民社区和城墙等都是采用这种颜色。其次，灰色色调也在向人们展示当今优雅的时代，因此，在设计中，西安城市提高了灰色色彩的亮度和饱和度，从而使色彩亮度比传统颜色更加鲜明，吸引人们的注意。根据图1的对照，对图2和图3的对比可知，现在的西安城市建筑的主色调（灰色），比以前的秦砖汉瓦的色调更加鲜艳，尽显现代明亮稳重的特征。灰色赋予了西安明亮与开放的表情。

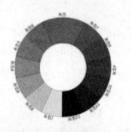

图1 灰色色阶

3.2 土黄色系列的色彩体系

土黄色在色彩学上是一种让人感到温暖的颜色，是地处中国西北黄土高坡的西安人最为尊崇的颜色之一。西安地处黄河文明的中心，地处黄土高坡，受地理位置的影响很大。因此，在西安的大街上，土黄色建筑物随处可见，如著名的大雁塔的墙面。在土黄色的色阶上（图4），如果色相级数逐渐扩大，色彩就会从深到浅，如浅土黄色、米黄色、浅沙漠色等。土黄色显现出西安是一个比较稳重、踏实、不争名利的城市，这也是这个城市的表情（图5）。

图2　秦砖汉瓦

图3　秦兵马俑博物馆

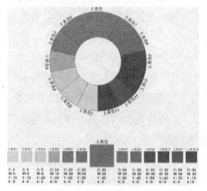

图4　土黄色色阶

图5　大雁塔城墙

3.3　赭石色系列的色彩体系

西安将赭石色定为城市建筑的主色调之一，是因为在汉唐时期赭石色就已经是这座文化古城的建筑色彩。赭石色象征着皇室的庄重和典雅。这不仅进一步地体现了古都西安浓郁的历史文化氛围，还表达了西安作为一个社会有机体在精神上的追求。图6是赭石色的色阶，图7是西安音乐学院大楼、西北商务中心和西安曲江新区管委会。这些赭石色的现代建筑在向世人展现西安在文化、经济和政治上的典雅与稳重的城市表情与庄重敦厚的底蕴。

4　基于空间视角下的色彩体系选择

一座城市的建筑色彩最能反映其内在的精神气质和外在的表情，城市色彩和建筑风格对一个城市的形象、个性有着最直接的影响。世界上的任何一座城市如

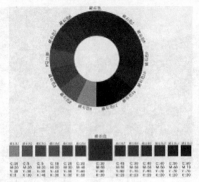

图6 赭石色色阶
图7 上：西安音乐学院大楼；
     中：西北商务中心；下：
     西安曲江新区管委会

果要想让世人能够记住，就必须要拥有与众不同的城市色彩。色彩是城市空间美的外在表现，而凝固的各类建筑、雕塑、景观色彩就像城市的脸面，彰显着城市多姿多彩的表情。

过去我们习惯于从视觉艺术方面来认识、应用和评价建筑色彩设计，也就是对色彩的理解多为定性，而忽视了定量，不能准确地把握建筑色彩，完全凭借经验和感觉，设计师最关心的是建筑的色彩协调和表现力。现在我们应改变观念，对整个城市的色彩予以关注和明确。从色彩表达的特性与西安城市特色来看，西安的城市色彩设计应从从以下几个因素着手：①民族传统特性；②地域文化特性；③历史因素；④建筑材料；⑤经济原因；⑥气候因素；⑦心理因素；⑧功能因素。后五个因素是共性的，任何一个设计师在色彩设计时都必须予以考虑，而前三个因素则是对西安做城市设计和建筑色彩设计时都必须重视的特性。

另外，一个城市的建筑在色彩的选择上，还需要考虑其是否与所处的自然环境相协调，能否突出当地的地域特色。西安的气候四季分明，地处黄河流域的关中平原，因而在色彩设计上需要考虑地域色彩、气候、季节等因素。作为文明古都之一的西安，其至今保存了大量的古代和近代建筑，因此在建筑的色彩上需要与此协调，提炼创造西安的城市建筑主色调。

从遥远的秦砖汉瓦时代至今，在西安这个城市的历史上诞生了无数优美的建筑。这些独具匠心的建筑风格迥异，色彩鲜明，积淀和丰富了西安的城市色彩。西安在确定其城市色彩主调之后，城市建设与规划也都按照城市的色彩进行，也逐渐形成了与灰色、土黄色、赭石色色彩体系相匹配的城市建筑风格，同时也形成了其独特的城市空间形态。

西安城市形态是建立在其地域空间上的分布构成，城市与自然环境的关系、城市的几何形状、空间格局、交通组织、功能分区、城市景观的形态演变等等，基于空间视角下的西安城市色彩体系应该是能够将所有以上元素通过视觉印象很好地统一在一起的重要元素。

西安土黄色和赭石色的历史文化建筑，稀疏隐匿于绿树丛荫之间，形式风格多样，无不体现着丰富的文化背景和深厚的文化基础，继续向人们传递着十三朝帝都沉淀下来的高贵深厚、雅俗共赏的文化意蕴。在西安城市表情表达方面，土黄色和赭石色发挥了不可或缺的作用。作为暖色调的土黄色和赭石色是充满热情、活力的色彩，相对于冷色调来说，它光明、快乐，且更具有动感；而辅以中纯度、中明度的基调，让人觉得沉稳、安详、和平。而西安灰色的现代高层建筑群和西安本地风格的一般老建筑群，则透露着一种风格简单、轻松舒适、强调时代感的城市表情。

5　结语

西安是一座历史文化名城，更是一座令人神往、独具风格的魅力城市，城市建设不仅关乎西安的未来，更将为传承中国地景文化奠定基础。构建基于空间视角下的城市色彩体系即能满足西安城市建设中保护古城风貌的要求，又能遵循城市的多元性特色，包括城市景观的复杂性、城市社会内部文化多元性和城市市民的异质性。区别于传统的城市色彩研究，空间视角下的城市色彩体系更多地考虑城市空间结构构型，尤其是开放空间的空间模式，能够更集中地体现城市景观的整体特色，创造出与城市整体形象相一致的差异性和独特性。

参考文献：

[1] 无远钦. 色彩的心理效应和设计中的应用[J]. 福建建筑，2005，(5):4-5

[2] 焦燕. 城市建筑研究的动态环境色彩[J]. 世界建筑，1995，(5):83-85

[3] 和红星. 现代建筑的文艺复兴——关中民宅与西安城市设计[J]. 建筑学报,2007,(5):5-7

[4] 李玉红. 色彩与多姿多彩的城市表情[J].工业设计，2011，(11):9

[5] 思瑾. 城市色彩景观规划设计[M]. 南京：东南大学出版社，2004

[6] 崔唯. 城市环境色彩规划与设计[M]. 北京：中国建筑工业出版社，2006

[7] 陈慧. 浅析城市道路色彩语言与特色——以上海长宁区新华路道路色彩分析为例[J]. 艺术与设计，2009，(8):163-167

[8] 和红星. 西安城市设计研究[M]. 西安市规划局,2004